全屋定制

家居设计全书

玖雅设计 编著

江苏凤凰科学技术出版社 · 南京

图书在版编目（CIP）数据

全屋定制家居设计全书 / 玖雅设计编著. — 南京：
江苏凤凰科学技术出版社，2021.3（2025.2重印）
ISBN 978-7-5537-9151-7

Ⅰ . ①全… Ⅱ . ①玖… Ⅲ . ①家具－设计 Ⅳ.
①TS664.01

中国版本图书馆CIP数据核字(2021)第033613号

全屋定制家居设计全书

编　　　著	玖雅设计
项 目 策 划	凤凰空间／庞　冬
责 任 编 辑	赵　研　刘屹立
特 约 编 辑	庞　冬

出 版 发 行	江苏凤凰科学技术出版社
出版社地址	南京市湖南路1号A楼，邮编：210009
出版社网址	http：//www.pspress.cn
总 经 销	天津凤凰空间文化传媒有限公司
总经销网址	http：//www.ifengspace.cn
印　　　刷	雅迪云印（天津）科技有限公司

开　　　本	710 mm×1000 mm　1／16
印　　　张	11
字　　　数	176 000
版　　　次	2021年3月第1版
印　　　次	2025年2月第12次印刷

标 准 书 号	ISBN　978-7-5537-9151-7
定　　　价	58.00元

图书如有印装质量问题，可随时向销售部调换（电话：022-87893668）。

前言

全屋定制并不等于全屋打满柜子

我的一个朋友是高级服装定制设计师，她在设计每款服装之前都有一项非常重要的工作——了解顾客的气质、风格，以及与顾客沟通服装的使用场合。她说这个环节必不可少，决定着服装能否完全适合这个人，其次才是测量顾客的身材尺寸，试穿白衣小样、半成品等。

那么，全屋定制家具设计师真的了解业主的需求吗？据我了解，全屋定制领域的设计师在做设计时，很少会询问屋主的身高、喜好和生活习惯，以及屋主家需要收纳什么物品。他们只是尽可能地把家的每一个角落都做成柜子，最后让大家夸赞："收纳空间真多，设计得真好！"

虽然全屋定制越来越普及，但对于大多数人来说却仍然遥远而陌生。在我国，每年约有 2000 万户家庭选择家具定制服务，2020 年全屋定制的市场规模约达到了 3000 亿元。在玖雅设计，最终选择全屋定制的顾客占比高达 99%。全屋定制产业发展得太快，多少缺了点沉淀的时间。一些人经过简单的培训，就被顺势推上定制家具设计师这个职位，而业主又缺少专业知识和对细节的思考，这使定制的大多数家具成为流水线上的一款款粗糙又雷同的产品，完全背离了"私人定制"的初衷。

我们有必要了解什么才是真正的全屋定制，才能让它更好地为大家服务，这本书就是基于此而诞生的。在玖雅设计工作的这些年，我在一线了解了很多业主的真实需求，也在不断尝试一些"小创意"来满足这些需求。比如，在家具款式上，选用黑色的柜体收边条，以便与旁边的黑框玻璃门相呼应；在布局上，合理规划橱柜分层，科学收纳常见厨具，而非将吊柜简单地一分为二……这些"小创意"都会在书中一一呈现。

本书的第 1 章全屋定制基础知识部分，着重介绍了玄关、客厅、厨房、餐厅、卧室这五大空间的收纳设计特点和定制柜布局、尺寸等要点。此外，每个空间中都列举了玖雅设计最有代表性的定制柜实例，并配有手绘柜体详解图，方便读者直观地参考、借鉴，甚至拿来就用。这些定制柜就像是提供给大家的一块块不同的"小积木"，拿到这些"小积木"之后，你可以根据自己以及家人的生活习惯自由拼搭组合，让定制柜真正为我所用。

我想通过这本书来让这个新兴的行业——全屋定制，真正服务于大众，满足日趋个性、多元的家居需求，让生活井然有序。

玖雅设计创始人　黄婧

目录
CONTENTS

第 1 章

基础
各空间定制柜设计

玄关定制柜

客厅定制柜

厨房定制柜

餐厅定制柜

卧室定制柜

板材、五金等基础知识

玄关定制柜

玄关是富有仪式感的空间，承担着衔接室内外的重任，决定着入户的第一印象。玄关规划的核心是优先考虑放置鞋柜的位置，其次才是鞋柜的打造。如今的家居空间，鞋柜实则具备综合收纳柜的多重功能，因为它需要容纳鞋子、衣帽、包包、雨伞、快递包裹，甚至行李箱、婴儿车等多种方便外出使用的物品。

弹性空间，弹性收纳

玄关有大有小，有的小到无门厅，有的大到可以做一个独立衣帽间。无论你家是何种形式的玄关，在定制柜体时，应先明确玄关柜放置的位置，并把自家的收纳需求排出主次顺序，看看玄关到底能放得下什么，或者你真正需要放些什么，再来安排玄关柜的布局、定制柜体的款式。

以下是收纳功能不断升级的三种常见玄关定制柜样式。

款式 1

临时穿戴

款式 2

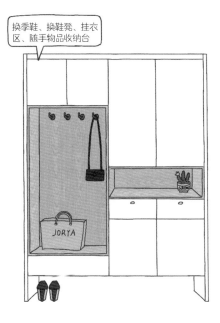

换季鞋、换鞋凳、挂衣区、随手物品收纳台

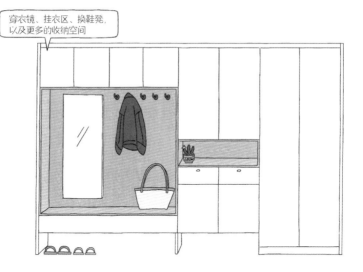

穿衣镜、挂衣区、换鞋凳、以及更多的收纳空间

柜体设计

鞋柜

◎ **鞋柜深度在 35 ～ 40 cm 之间**

鞋柜的深度以 35 cm 为最佳，进深达到 40 cm 时，可以放得进普通鞋盒，因此鞋柜的通用深度为 35 ～ 40 cm。如果玄关深度不足，无法放置 35 cm 深的鞋柜，可使用斜式层板设计的款式，以斜放的方式进行收纳，这样即便是 20 cm 深的鞋柜也能放得下鞋子。鞋柜深度超过 40 cm 会不实用，且浪费空间。

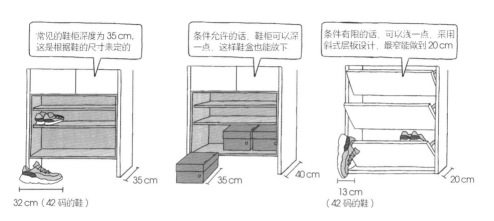

常见的鞋柜深度为 35 cm，这是根据鞋的尺寸来定的

条件允许的话，鞋柜可以深一点，这样鞋盒也能放下

条件有限的话，可以浅一点，采用斜式层板设计，最窄能做到 20 cm

35 cm

32 cm（42 码的鞋）

35 cm

40 cm

13 cm（42 码的鞋）

20 cm

◎ **鞋柜的上下层板间距最好灵活、可调整**

鞋柜上下层板的间距一般为 16 cm，但这并不适合所有的鞋子，因为不同款式的鞋子高度是不统一的，因此建议鞋柜内部使用可以活动的层板（高度可调节），后期根据实际需求自由调整。

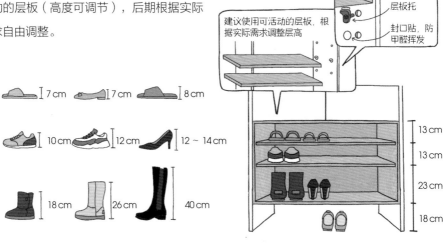

玄关定制柜常见的四种款式（布局和尺寸）

常见的玄关定制柜通常是下面这四种款式，当然，你也可以根据自己的喜好和实际使用需求在此基础上略做调整。

◎ **两段式**

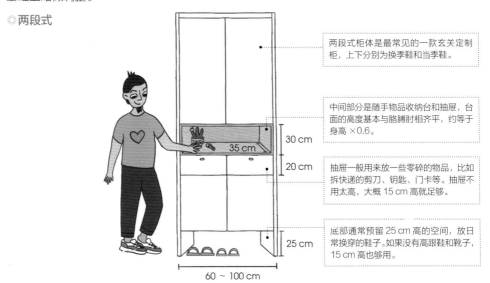

◎便捷式

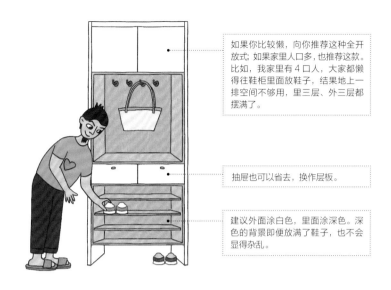

如果你比较懒，向你推荐这种全开放式；如果家里人口多，也推荐这款。比如，我家里有 4 口人，大家都懒得往鞋柜里面放鞋子，结果地上一排空间不够用，里三层、外三层都摆满了。

抽屉也可以省去，换作层板。

建议外面涂白色，里面涂深色。深色的背景即便放满了鞋子，也不会显得杂乱。

◎开放式   ◎通顶式

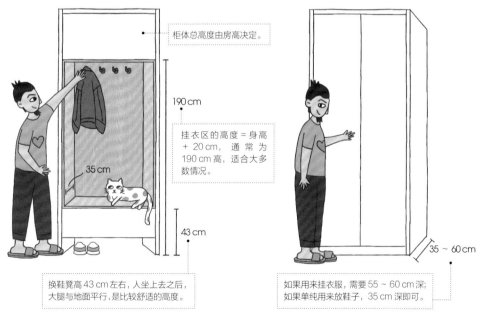

柜体总高度由房高决定。

190 cm

挂衣区的高度 = 身高 + 20 cm，通常为 190 cm 高，适合大多数情况。

35 cm

43 cm

换鞋凳高 43 cm 左右，人坐上去之后，大腿与地面平行，是比较舒适的高度。

35 ～ 60 cm

如果用来挂衣服，需要 55 ～ 60 cm 深；如果单纯用来放鞋子，35 cm 深即可。

以上四种款式，可根据自己的喜好和实际使用需求自由组合搭配。无柜门的开放式设计比较便捷，但容易显乱；有柜门的柜体在使用时会多几个步骤，但整体简洁利落，能够保证立面的清爽感。此外，这些定制柜的尺寸也是灵活、可调整的。商家通常不会根据你的身高量身定制柜体，大多都是按照套路来。上面介绍的尺寸刚好能满足大多数人的使用需求。

实例应用

1 拥有两种深度的玄关定制柜

进门右手边是进深 55 cm 的顶天立地
衣柜，柜门采用无把手设计（按压开
合），完全变成了隐形门，这样设计
是为了把视线直接引入室内。进门左
手边新建 10 cm 厚、进深 40 cm 的
轻质隔墙，并将整个鞋柜嵌入其中，
这个鞋柜主要用来收纳一家人四季穿
换的鞋子。

| 柜体详解图 |

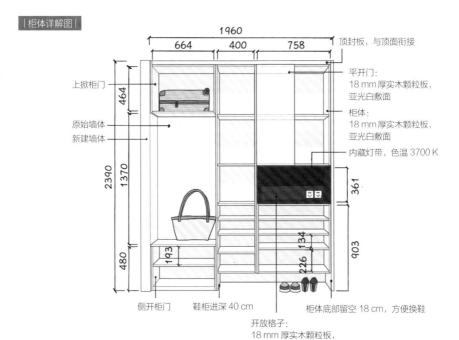

注：本书手绘图、柜体详解图上的尺寸除注明外，均以毫米（mm）为单位。

2 采用斜角设计的玄关定制柜

柜体两侧没有新建轻质隔墙,而是做了两扇三角形的柜体,中间是方正的鞋柜(进深 36 cm)。
三角形收纳柜一侧挂进出门的衣服,另一侧做家政工具箱,功能强大。体量庞大的柜体整体采用
白色调进行弱化,并在门板处设计黑色边柜,黑与白的强烈视觉对比塑造出极简现代的空间格调。

|柜体详解图|

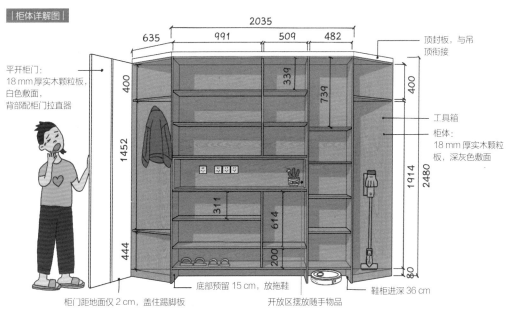

3 兼具实用性和美感的彩色玄关定制柜

这个玄关柜设计师大胆使用了莫兰迪色系，黄色、蓝色是对比色，用在柜子上显得十分协调。墙面小面积的橙色和柜体的蓝色形成撞色，巧妙制造视觉冲突。鞋柜柜门特别采用了百叶门，透气的门板有利于通风、散味。左侧 1 m 宽的柜体采用开放式设计，并设计有挂衣钩、穿衣镜和换鞋凳，进出门换衣服、鞋帽更便捷。

| 柜体详解图 |

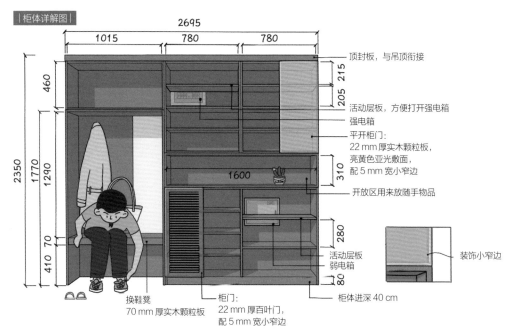

2695

1015   780   780

460
205 215

顶封板，与吊顶衔接

活动层板，方便打开强电箱

强电箱

平开柜门：
22 mm 厚实木颗粒板，
亮黄色亚光面，
配 5 mm 宽小窄边

开放区用来放随手物品

2350
1770
1290

1600

310

280

80

410 70

换鞋凳
70 mm 厚实木颗粒板

柜门：
22 mm 厚百叶门，
配 5 mm 宽小窄边

活动层板
弱电箱

柜体进深 40 cm

装饰小窄边

4 多功能的简约风玄关定制柜

白色和原木色的双色搭配清爽自然,加之浅灰色的拼花地砖,整个玄关的设计不张扬,却别有新意。柜体设计采用了三种款式:便捷式——不用经常开关门,快速拿取需要的衣物;一门到顶式——里面能存放近 70 双鞋子,收纳能力超强;两段式——中间开放收纳格子展示小物件,下面柜体收纳行李箱等大物件。

| 柜体详解图 |

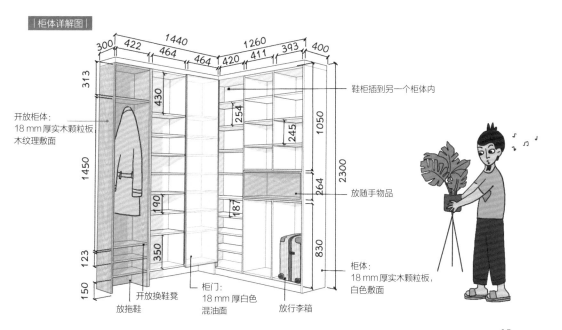

开放柜体:
18 mm 厚实木颗粒板
木纹理敷面

鞋柜插到另一个柜体内

放随手物品

开放换鞋凳

放拖鞋

柜门:
18 mm 厚白色
混油面

放行李箱

柜体:
18 mm 厚实木颗粒板,
白色敷面

客厅定制柜

客厅是家庭生活的主场，也是最聚拢人气的地方。定制柜作为客厅的"颜值"和收纳担当，是整个家居设计的重中之重。客厅定制柜主要用来存放全家的公共物品，如书籍、收藏品、玩具、药品、日用品等等。在量身定制柜体时，每个人应首先理清自家的收纳特点和重点，并提前预留好设备电源，以便日后之用。

客厅收纳要点——先分类，再收纳

客厅作为一家人共同活动的地方，通常用来收纳全家的公共物品。下面整理了一个分类清单，客厅的物品一般逃不出这六大类。

我家定制电视柜需要容纳这些
（见右图）

以上不起眼的物件加起来可能有上百件之多，因此定制柜体时，应先对物品进行分类，再罗列出需要几个抽屉和柜子，最好还能预留出 20% 的备用空间。

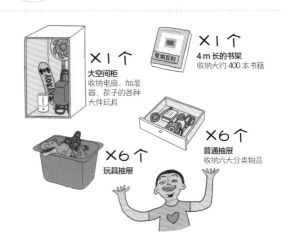

柜体设计

拓展功能——不仅仅是电视柜

客厅定制柜除了用来收纳公共物品以外，还可以拓展其他功能，比如结合餐边柜做成水吧；结合家政空间打造为清洁工具箱；或者根据猫咪的活动路线，打造猫咪跳台等。如今的客厅定制柜不仅仅是电视柜那么简单，需要满足屋主的个性、多元需求，同时具备多种功能属性。

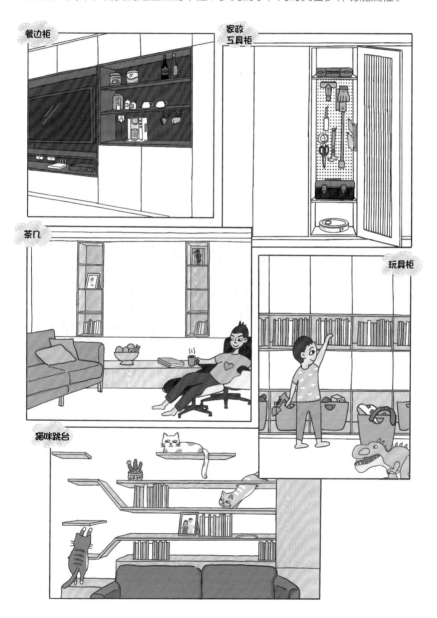

柜体空间有大有小

◎ 需要几个收纳抽屉

虽然现在十分流行一门到顶的极简柜门，但是建议在条件允许的情况下，还是要多做几个收纳抽屉。因为客厅会有很多零碎的小物件，比如螺丝刀、卷尺、胶带、钥匙、硬币、U盘、剪刀、电子产品等，抽屉更便于日后分类管理。

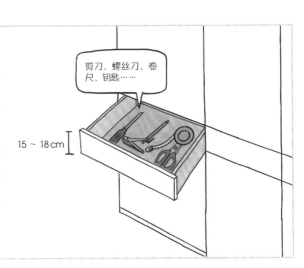

剪刀、螺丝刀、卷尺、钥匙……

15 ~ 18 cm

◎ 留出一个"小仓库"

每个人家里都少不了几个"大家伙"，比如吸尘器、平衡车、买菜的小拉车等，以及一些季节性物品，如加湿器、空气净化器、电扇等。为了防止这些物品堆满客厅的角落，在定制柜体时，需要做一个像"小仓库"一样的大号收纳柜。这个大容量柜子还有一个优点——日后可根据使用习惯再次划分空间。

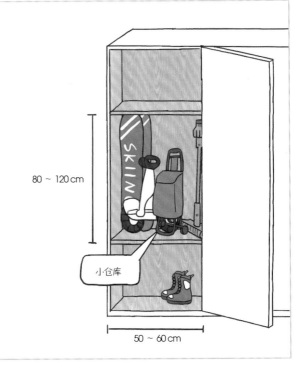

80 ~ 120 cm

小仓库

50 ~ 60 cm

当然，还有一些更加精细化的设计，比如需要展示的手办模型，应提前测量好手办的尺寸，将其展示在带玻璃门的柜子里，防止落尘。此外，一些小型家用设备（如音响、机顶盒、路由器等），也可以提前测量一下尺寸，为它们留出专用空间。

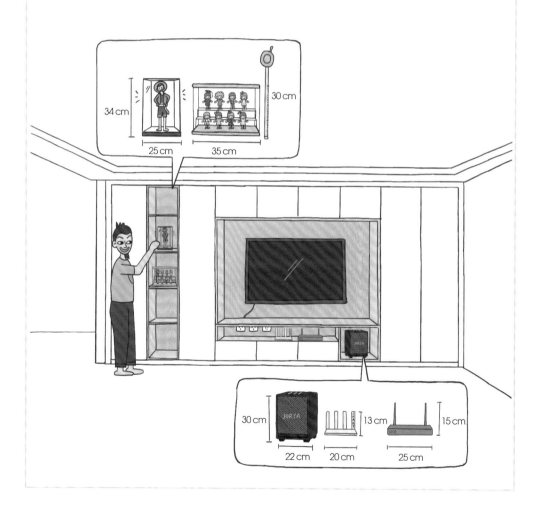

柜体尺寸常识

◎ 柜子每一格的宽度 40 ~ 60 cm，高度 30 ~ 40 cm

这个尺寸适用于收纳和展示。（具体数值依据长、宽总尺寸等分后得出）每一格的宽度最好不要超过 60 cm，因为定制柜都是由板材拼接而成的，跨度太大的话，板材容易被重物压弯导致变形。当然，可以通过双层板或底部加方钢等方式来进行加固，但除非有特殊的设计需求，太宽、太窄都不建议采用。此外，市面上收纳盒的宽度和高度也都在这个尺寸范围之内。

◎ 柜子进深 30 ~ 50 cm

如果客厅柜子单纯用来收纳书籍的话，30 cm 的深度就足够了。如果做收纳抽屉，40 ~ 50 cm 的深度会更合适。也有一些柜子只做 25 cm 深，这是为了让展示品的底部宽于层板，从而在视觉上隐藏层板。

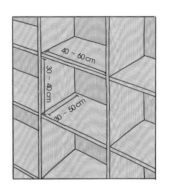

◎ 多种进深组合柜

在实际使用过程中，定制柜也可以设计为多种进深。比如，墙面高度 80 cm 以下，可以定制进深 50 cm 的柜体，做收纳抽屉；墙面高度 80 cm 以上，可以做进深 30 cm 的薄款柜体，用来摆放书籍或陈列收藏品等。

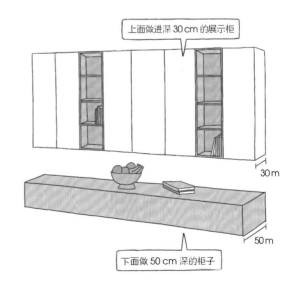

上面做进深 30 cm 的展示柜

30 m

50 m

下面做 50 cm 深的柜子

如何妥善安排物品的位置?

我家就把所有的书都安排在了电视柜中 1.2 m 以上的位置,在 0.8 m 的高度安装两个小抽屉,用来放拆快递的剪刀、耳机等几乎每天都会用到的东西,使用起来非常方便。如果家里有腿脚不方便的老人,这样的位置就再适合不过了,避免老人弯腰蹲在地上拉抽屉。

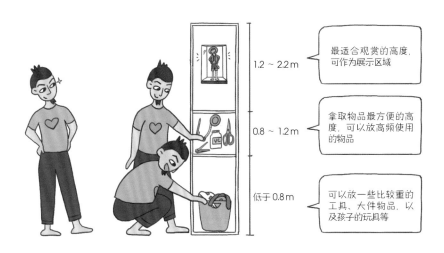

1.2 ~ 2.2 m — 最适合观赏的高度,可作为展示区域

0.8 ~ 1.2 m — 拿取物品最方便的高度,可以放高频使用的物品

低于 0.8 m — 可以放一些比较重的工具、大件物品,以及孩子的玩具等

电视柜的尺寸和位置

由于人看电视时多半是坐着的,因此观看电视的高度取决于座椅的高度和人的身高。通常电视中心点比人坐在沙发上的视平线略低 10 cm 是最舒适的高度。

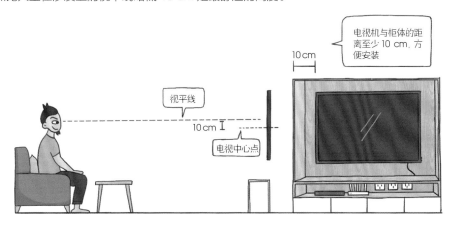

电视机与柜体的距离至少 10 cm,方便安装

10 cm

视平线

10 cm

电视中心点

电视柜预留电源的三点注意事项

◎ 小设备预留电源

通常会专门在电视机下方做一个开放格子，放机顶盒、音响、路由器等小设备，集中到一起不会显乱。开放格子里留 3 ~ 5 个插座，插座与下面的台面要留至少 5 cm 的间距，方便电线弯折。

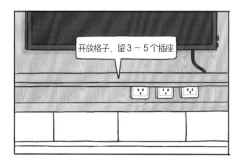

开放格子, 留 3 ~ 5 个插座

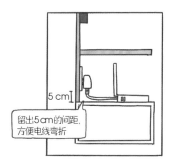

5 cm

留出 5 cm 的间距, 方便电线弯折

◎ 容易遗漏的电源

如果需要放其他电器，比如吸尘器、摄像头、扫地机器人、空调、投影仪等，一定要提前留好电源。如果电源正好在柜子里面，条件允许的情况下，插座的高度最好是 1 m 左右，这样不用弯腰，也方便插拔。

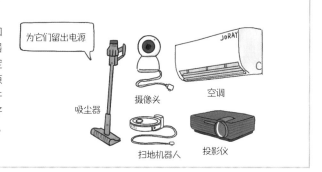

为它们留出电源

吸尘器　摄像头　空调

扫地机器人　投影仪

◎ 插座要安装在柜体的背板上

安装在背板上更美观

背板留洞不好看

实例应用

1 富有童真童趣的客厅定制柜

屋主是幸福的四口之家，有两个孩子——刚学会走路的弟弟和已上幼儿园的姐姐。平时家里很少有客人来，因此屋主希望设计师将客厅打造为儿童游乐园。设计师抛弃以电视机为中心的电视柜设计，取而代之的是可以躲在里面玩耍的小房子。定制柜板材为环保的新西兰松木，吊顶内预留投影幕布，孩子们偶尔看动画片的时候可以放下投影幕布，不伤眼睛。

|柜体详解图|

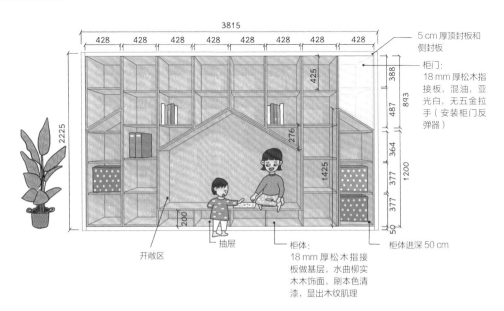

5 cm 厚顶封板和侧封板

柜门：
18 mm 厚松木指接板，混油，亚光白，无五金拉手（安装柜门反弹器）

柜体进深 50 cm

开敞区

抽屉

柜体：
18 mm 厚松木指接板做基层，水曲柳实木木饰面，刷本色清漆，显出木纹肌理

23

2 内藏猫咪"专属通道"的客厅定制柜

屋主家有两只可爱的猫咪——登登和肥妹，设计师结合猫咪的日常跑跳动线定制了这款内藏猫咪跳台的综合电视柜。柜体内部使用颜色较深的胡桃木色，与白色的门板形成强烈的色彩对比，营造清爽而不杂乱的空间氛围。

夫妻俩计划有孩子之后，就把猫咪送到父母那里，到时候书籍可正脸摆放，因此在前面设计了一排挡板，防止书本滑落。

利用35 cm进深的层板打造猫咪跳台，迂回的动线方便猫咪玩耍、健身。

在电视柜左侧定制家政工具收纳箱，并在 1.5 m 高的位置预留吸尘器插座。男主人在网上定制的洞洞板，放在这里刚刚好。

│柜体详解图│

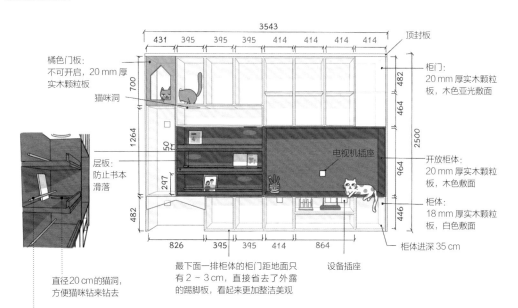

橘色门板：
不可开启，20 mm 厚实木颗粒板

猫咪洞

层板：
防止书本滑落

电视机插座

顶封板

柜门：
20 mm 厚实木颗粒板，木色亚光敷面

开放柜体：
20 mm 厚实木颗粒板，木色敷面

柜体：
18 mm 厚实木颗粒板，白色敷面

柜体进深 35 cm

3543
431　395　395　395　414　414　414　414
700
1264
50
297
482
482
464
464
964
446
2500

826　395　395　414　864

直径 20 cm 的猫洞，方便猫咪钻来钻去

金属杆，可以把书籍插到里面，主要的还是给"猫主子"让路

最下面一排柜体的柜门距地面只有 2 ~ 3 cm，直接省去了外露的踢脚板，看起来更加整洁美观

设备插座

3 将电视机藏起来的客厅定制柜

为了避免孩子总是在家看电视，设计师用两扇推拉门把电视机藏了起来。柜体进深 50 cm，能收纳得下大部分的公共物品，主体结构使用的是传统人造板材，推拉门使用的是人造板内芯、实木贴皮，高度为 2.3 m，厚度 2.2 cm。吊顶预留 6 cm 宽的凹槽，凹槽内安装用来固定推拉门轨道的大芯板。

| 柜体详解图 |

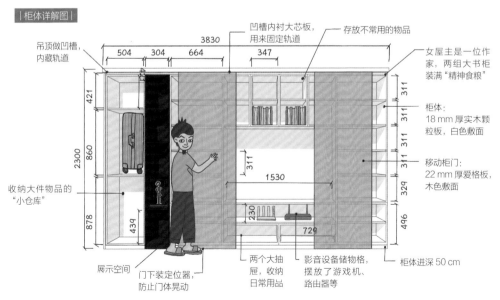

吊顶做凹槽，内藏轨道

凹槽内衬大芯板，用来固定轨道

存放不常用的物品

女屋主是一位作家，两组大书柜装满"精神食粮"

柜体：18 mm 厚实木颗粒板，白色敷面

移动柜门：22 mm 厚爱格板，木色敷面

收纳大件物品的"小仓库"

展示空间

门下装定位器，防止门体晃动

两个大抽屉，收纳日常用品

影音设备储物格，摆放了游戏机、路由器等

柜体进深 50 cm

3830
504　304　664　347
2300　421　860　878　439
311　311　311　311　311　329　496
1530　311　230　729

4 为手办量身定制的客厅电视柜

屋主是手办深度爱好者，家里收藏了 200 余件手办。在定制柜体之前，屋主一一测量了手办的尺寸，请设计师定制了这款兼具展示功能的电视柜。为了避免整体效果杂乱，除摆件以外的区域进行留白，并将所有的电器管线进行隐藏处理。此外，设计师还做了进深不同的墙体，深度分别是 78 cm 和 42 cm，刚好包住冰箱和电视柜，从外观上看冰箱和电视机齐平。

│柜体详解图│

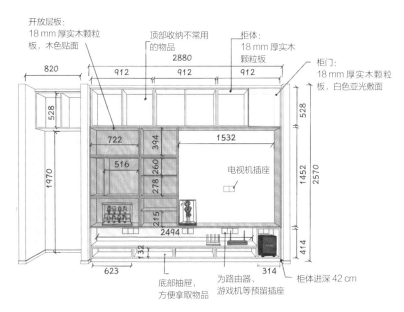

开放层板：
18 mm 厚实木颗粒板，木色贴面

顶部收纳不常用的物品

柜体：
18 mm 厚实木颗粒板

柜门：
18 mm 厚实木颗粒板，白色亚光敷面

电视机插座

底部抽屉，方便拿取物品

为路由器、游戏机等预留插座

柜体进深 42 cm

5 容纳得下 500 本书籍的客厅定制柜

屋主一家都喜欢看书，设计师在客厅的沙发背后定制整墙开放式书柜，柜体进深 30 cm，材质为环保的欧松板，屋主说"毕竟坐在沙发上看书才是人生的头等大事"。其他的零碎物品统一存放在最下面那层的收纳盒中。需要特别注意的是，书籍通常比较重，长期使用容易把书架压弯，因此当层板的跨度超过 60 cm 时，建议使用 2.5 cm 加厚板材。

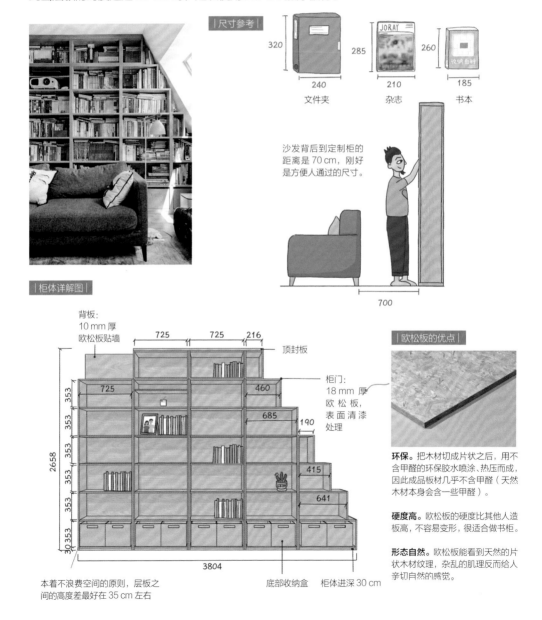

|尺寸参考|

320 / 240 文件夹

285 / 210 杂志

260 / 185 书本

沙发背后到定制柜的距离是 70 cm，刚好是方便人通过的尺寸。

700

|柜体详解图|

背板：10 mm 厚欧松板贴墙

725　725　216

顶封板

725　460

685　190

415

641

2658

353　353　353　353　353　353　353　30

3804

柜门：18 mm 厚欧松板，表面清漆处理

本着不浪费空间的原则，层板之间的高度差最好在 35 cm 左右

底部收纳盒　柜体进深 30 cm

|欧松板的优点|

环保。 把木材切成片状之后，用不含甲醛的环保胶水喷涂、热压而成，因此成品板材几乎不含甲醛（天然木材本身会含一些甲醛）。

硬度高。 欧松板的硬度比其他人造板高，不容易变形，很适合做书柜。

形态自然。 欧松板能看到天然的片状木材纹理，杂乱的肌理反而给人亲切自然的感觉。

6 塑造极简风格的隐形定制柜

一排近 10 m 长的定制柜从玄关延伸至客厅、餐厅、阳台，把整个公共空间串成了整体，视线完全不受阻隔，让仅有 20 m² 的空间显得十分开阔。客厅、餐厅上方的柜体占用空间但不占面积，非常适合小户型。餐厅处的吊柜特别使用玻璃柜门，可以存放酒水、饮料、水杯等，兼作餐边柜，通透的玻璃柜门也能赋予柜体层次感。

| 柜体详解图 |

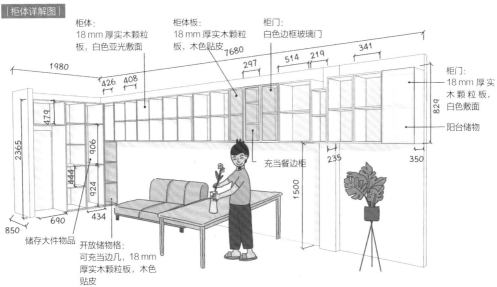

柜体：
18 mm 厚实木颗粒板，白色亚光敷面

柜体板：
18 mm 厚实木颗粒板，木色贴皮

柜门：
白色边框玻璃门

柜门：
18 mm 厚实木颗粒板，白色敷面

阳台储物

充当餐边柜

储存大件物品

开放储物格：可充当边几，18 mm 厚实木颗粒板，木色贴皮

7 藏露有度的客厅定制柜

这组收纳柜位于沙发后方,有藏有露,不显沉闷。藏的部分承担了公共空间大部分杂物的收纳重任,即便有客人到访,也可以迅速让家里变得整洁。柜子的一侧做成黑色开放收纳格,用来放置书籍、摆件和投影仪,层板里镶嵌了灯带,让整个定制柜显得更有格调;另一侧打造为孩子的游戏小屋,尖屋顶的造型充满童趣。

|柜体详解图|

柜体板:18 mm 厚黑色双饰面板

吊顶
墙体
6 cm 高顶封板
侧封板
童趣小屋

根据收纳筐的尺寸量身定制的柜子

15 cm 高的地台,孩子坐在上面玩变时不容易受凉

柜体进深40 cm 顶板内嵌灯带 内置收纳筐,可以放小物件 门板:18 mm 厚白色双饰面板 大空间用来收纳孩子的小车和大件玩具

壁挂置物架上面可以放琴谱、绘本和装饰摆件等，高度适宜；一旁的钢琴为客厅增添了不少优雅气息。

悬空的白色电视柜在视觉上显得非常轻盈，黑色的壁挂置物架与钢琴相互呼应，丰富了空间的层次感。

|柜体详解图|

投影幕布插座

柜体板：18 mm 厚白色双饰面板

门板：18 mm 厚白色双饰面板

柜体板：18 mm 厚黑色双饰面板

吊顶内嵌投影幕布盒，用来放置屋主购买的遥控幕布

柜体进深 25 cm

抽屉柜进深 35 cm

314   346   200

356

356

366

1150

500

200

1000

3600

150

720   720   720   720   720

280   232   20

地台

厨房定制柜

厨房是家中烟火气息最浓的地方，当然也是杂物最多的地方，比如柴米油盐、瓶瓶罐罐以及各种家用电器。厨房收纳做得好，在家中便能拥有"诗和远方"。橱柜是厨房设计中最重要的一环，定制一款实用又好看的橱柜，会让下厨做饭更加便利、高效，也能无形中提升家庭幸福感。

厨房收纳越简单越好

市面上的厨房收纳"神器"五花八门，可大多买回来之后都变成了鸡肋用品。厨房收纳越简单越好，不应让收纳用品本身成为一种负担。

五种收纳容器，涵盖所有食材

如果收纳容器外形、尺寸统一，你会发现厨房的容量比你想象的要大很多，半格吊柜就能放下至少十几种食材，况且整齐统一也是美观的必要条件。

各式各样的收纳容器

统一的收纳容器

必不可少的小推车

家里难免会存放一些原生态食材，比如带土的胡萝卜、土豆、大葱、生姜等，它们更适合待在常温、通风的地方。如果有条件，建议在台面下预留一定的空间，用来放小推车或定制的蔬菜拉篮，这样就不用担心厨房台面被大葱、蒜瓣"占领"了。

小推车

能立起来，就不要平放

如果厨具、餐具等能立起来，那一定
比躺着放更节省空间，拿取也更方便。
对于厨具、碗碟等，都可以想办法将
它们立起来。

把锅立起来收纳

充分利用立面空间

除了墙面可以布置挂钩和置物架以外，冰箱、抽油烟机、柜门等立面空间也可以充分利用起来。
我的一位顾客，厨房面积不到 4 m²，只能安装一组吊柜，但是抽油烟机上挂满了磁吸调料收纳盒，
旁边的燃气壁挂炉上面是磁吸收纳架。

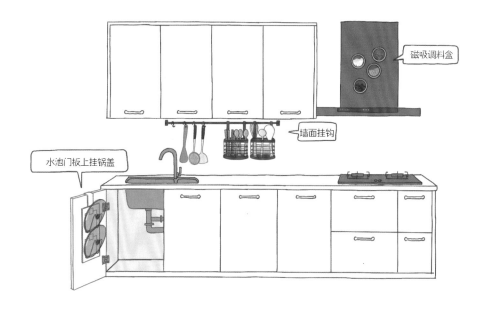

磁吸调料盒

墙面挂钩

水池门板上挂锅盖

柜体设计

橱柜的风格

橱柜的样式通常分为现代风格和传统风格。现代风格没有过多装饰，简约大气；传统风格造型上相对复杂一些，比较华丽，我们常见的传统风格橱柜大多是简化后的样式。

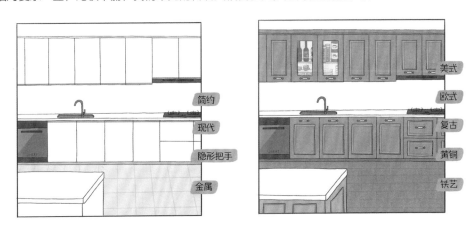

"2+2+2"布局，打造标配橱柜

虽然各家的厨房格局不同、每个人的生活习惯各异，但在厨房里少不了洗、切、炒这些基本工作，也少不了几组吊柜和地柜。因此我总结了一个厨房标配收纳模板（可以拿来直接用），这个模板就像一款标配车，在标配车的基础上，再结合个人喜好添改各种功能、升级插件，就能打造出专属于自己的橱柜。

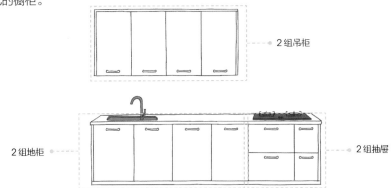

厨房标配收纳模板需要2组吊柜、2组地柜和2组抽屉，就能满足日常所需。在此基础上可以增加不同的收纳空间，比如嵌入式蒸烤箱、洗碗机，或者收纳烘焙工具的抽屉收纳柜等。总之，橱柜因你而定制。

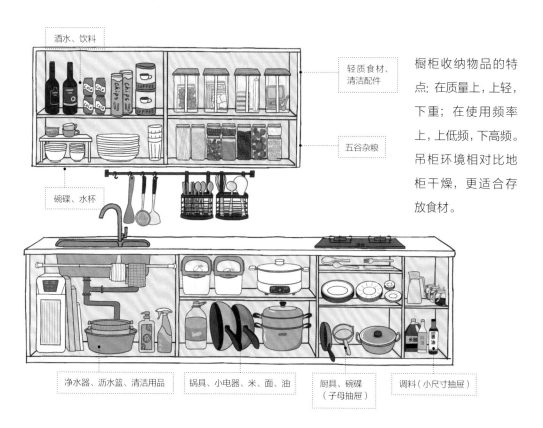

酒水、饮料

轻质食材、清洁配件

五谷杂粮

碗碟、水杯

净水器、沥水篮、清洁用品

锅具、小电器、米、面、油

厨具、碗碟（子母抽屉）

调料（小尺寸抽屉）

橱柜收纳物品的特点：在质量上，上轻，下重；在使用频率上，上低频，下高频。吊柜环境相对比地柜干燥，更适合存放食材。

不锈钢调料抽屉和普通抽屉大对比

相比不锈钢调料抽屉，普通抽屉更顺滑、好清洁、造价低、拿取方便，优点更多。我家橱柜就被商家强行安装了不锈钢调料拉篮，且不说拉开时耗费力气，每次拉出来里面的瓶子都会晃得哗啦响，而且拿东西时还得绕到另一边。总之，调料拉篮成为我们家使用频率最低的抽屉，后来换房子的时候果断弃之。

当然，特别贵的拉篮可能会非常顺滑，但花那么多钱实在没必要。

不锈钢调料抽屉

普通抽屉

常见尺寸参考

◎ 对于吊柜的高度，原来我们都弄错了

有一次我去朋友家，发现她们家厨房吊柜上层的物品能够非常轻松地拿到。出于工作习惯，我便测量了一下高度，果然跟常规的厨房不一样，吊柜到台面的距离只有 60 cm。而通常定制橱柜商家都会把这个距离定为 70 cm。建议小户型的厨房可以把这个距离调整为 60 cm。

◎ **地柜不一定非得 60 cm 深**

地柜的常见深度是 60 cm，但并不是所有的空间都一定要设计为这个尺寸，特别是面积不大的厨房。小厨房可考虑定制进深小一些的薄柜作为操作台，既能节省空间，也不妨碍日常使用。比如下图中 C 先生的家和 S 小姐的家。

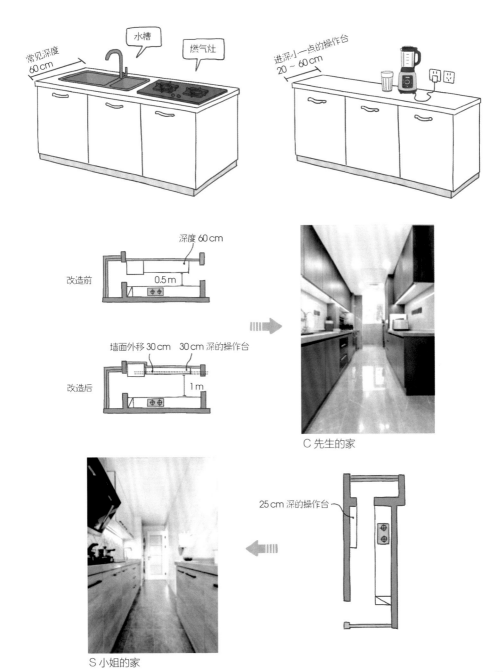

C 先生的家

S 小姐的家

◎ **合理利用吊柜、地柜和抽屉**

为了提高厨房的空间利用率以及日常使用的便捷性，在定制橱柜时可以对吊柜、地柜进行精细的分层设计。此外，抽屉的实用性也是有目共睹的，因此有条件的要做抽屉，没有条件的创造条件也要定制几个抽屉。

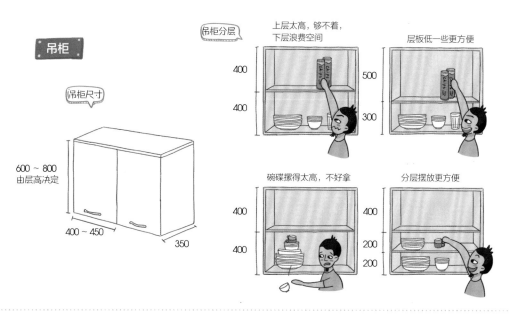

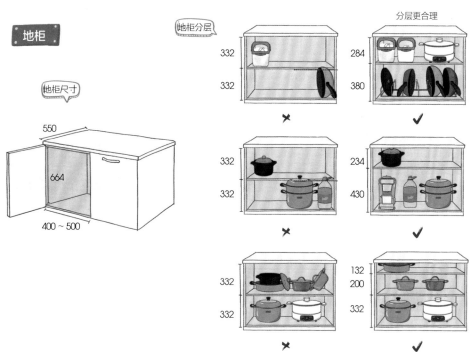

抽屉

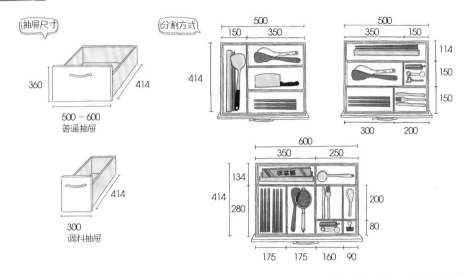

抽屉尺寸

360 | 414

500 ~ 600
普通抽屉

414

300
调料抽屉

分割方式

500
150 | 350
414

500
350 | 150
114
150
150
300 | 200

600
350 | 250
134 | 280
414
200
80
175 | 175 | 160 | 90

尺寸参考

长 100 mm 左右　长 150 mm 左右　长 180 mm 左右，不超过 200 mm　长 200 mm 左右的小厨具　高 240 mm 左右

不超过 300 mm，长 260 mm 左右　长 300 mm　长 350 mm 左右，不超过 400 mm　直径最大 300 mm　直径 70 ~ 100 mm

长 300 mm 左右

高 150 mm　高度不超过 300 mm，250 mm 较常见　高 280 mm　高 360 mm　高 380 mm　高 430 mm

高 450 mm　深 300 mm　直径 280 mm，不超过 300 mm　直径 350 mm，不超过 400 mm

39

橱柜安装的注意事项

注意事项

◎ **水槽柜做好防水**

有的商家会在水槽下面铺一层防水材料，有的在下方使用防水板材。总之，水槽柜做好防水，可防止漏水时把橱柜泡变形。

◎ **下水管少占空间**

可以选择靠墙、省空间的水槽下水管。

◎ **提前确定电器**

除了常见的抽油烟机、灶具，嵌入式洗碗机、烤箱、净水器、垃圾处理器以及柜体灯等都需要提前预留好位置和插座。因此需要提前确定需要哪些电器。

此外，还有一个容易遗漏的电器——燃气灶。过去的燃气灶都是电池打火，如今，有些灶台需要插电，因此也需要预留电源位置。

◎ **嵌入式电器的水电位**

某些嵌入式电器比较厚，装完后会凸出一部分，比如嵌入式烤箱的电源，建议留在电器旁边的柜子里，而非电器后方，否则会导致使用不便。洗碗机也存在同样的问题，电源和上下水都会占用空间，洗碗机通常安装在水槽旁边，可以把电源插座、进出水口都留在水槽柜里。

◎ **电路安全**

蒸烤箱、集成灶台等功率比较大的电器，需要单独走一路线。

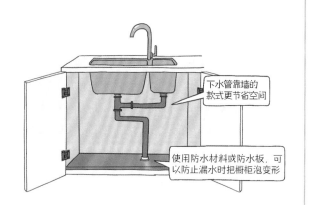

下水管靠墙的款式更节省空间

使用防水材料或防水板，可以防止漏水时把橱柜泡变形

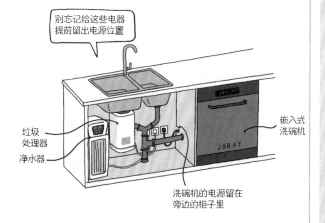

别忘记给这些电器提前留出电源位置

嵌入式洗碗机

垃圾处理器

净水器

洗碗机的电源留在旁边的柜子里

实例应用

1 彰显轻奢质感的厨房定制柜

这个半开放式厨房拥有丰富的吊柜和地柜，最外侧的两个开放吊柜是搭配下方的吧台使用的，无柜门设计巧妙避免了柜门开合时碰到吊灯。墙面铺贴浅色小花砖，纤细的黄铜门把手、柜门上的装饰小窄边等细节处理让厨房显得格外精致。

这两格开放吊柜是搭配吧台使用的，特别采用无柜门设计。

| 柜体详解图 |

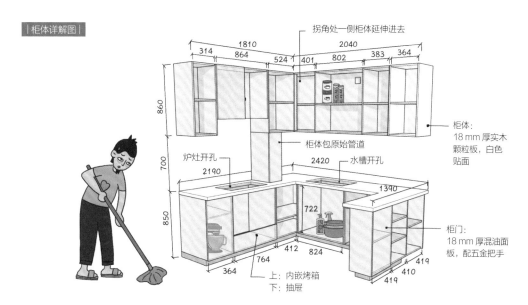

拐角处一侧柜体延伸进去

1810
314　864　524
2040
401　802　383　364

860

柜体包原始管道

柜体：
18 mm 厚实木颗粒板，白色贴面

炉灶开孔
2190

700

水槽开孔
2420

1390

722

850

柜门：
18 mm 厚混油面板，配五金把手

364　764　412　824

419
410　419
419

上：内嵌烤箱
下：抽屉

2 极简、净白的厨房定制柜

厨房延续整个空间极简的装饰风格，适度点缀原木色，增加温馨感。吊柜、地柜统一选用白色爱格板，搭配 30 cm×30 cm 小白砖、纯白色抽油烟机和白色岩板台面，让小空间显得干净清爽。包完烟道后多出 78 cm 宽的墙垛，设计师顺势定制与墙垛等宽的小吧台，吧台下方的柜子进深 60 cm，可作为厨房的补充收纳，并在另一侧预留 18 cm 深的放腿空间。

吧台下方预留 18 cm 深的放腿空间。

吧台下面的柜子进深 60 cm，能收纳大部分的厨房日用品。

|柜体详解图|

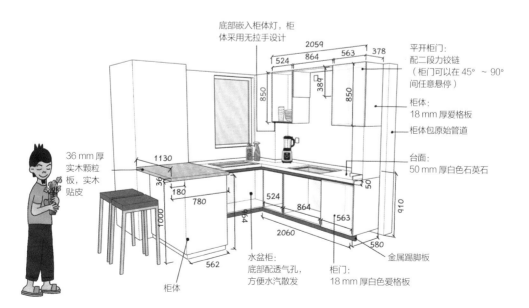

底部嵌入柜体灯，柜体采用无拉手设计

2059
524 864 563 378

平开柜门：
配二段力铰链
（柜门可以在 45°～90°
间任意悬停）

850

380

850

柜体：
18 mm 厚爱格板

柜体包原始管道

台面：
50 mm 厚白色石英石

36 mm 厚
实木颗粒
板，实木
贴皮

1130

36

180

780

1000

562

524 864 563

2060

264

50

910

580

柜体

水盆柜：
底部配透气孔，
方便水汽散发

柜门：
18 mm 厚白色爱格板

金属踢脚板

3 以黑、白、灰为主色调的厨房定制柜

厨房面积较大，橱柜整体采用二字形布局，配色上以经典的黑、白、灰为主，深灰色地砖与暖灰色吊柜相呼应，搭配墙面小白砖和黑色把手，不显老气，反而更能衬托出厨房的温馨大气之感。

| 柜体详解图 |

1841
419 895 419
750 348 348 348
柜门板：18 mm 厚实木颗粒板

1880
275 50
850
70 419 70
白色石英石台面
柜体：
18 mm厚实木颗粒板，
白色敷面

柜体：
暖灰色爱格板
739
750
650
50
780
70
1009 788 386 514 808
原始管道包柱
炉灶开孔
2760
三层抽屉

1776
834 834
750 357 339
柜体：
18 mm 厚
实木颗粒板

水槽开孔
白色石英石台面
底板贴铝箔，
配通气孔

4 将吧台巧妙融入橱柜的设计之中

开放厨房对于不经常下厨的年轻人来说十分友好，而且能实现更好的互动。这个厨房最亮眼的设计是在其中打造了一个令人放松身心的吧台，吧台台面是一整块 5 cm 厚的实木板，瞬间提升了空间的质感。吧台后方的冰箱采用嵌入式设计，柜体是木纹贴面的实木颗粒板，与台面相呼应。

吧台下方设有脚踏，脚踏下面预留有放杂物的空间。

| 柜体详解图 |

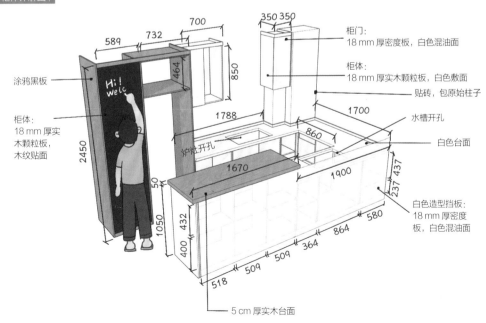

涂鸦黑板

柜体：
18 mm 厚实
木颗粒板，
木纹贴面

2450

464

700
589   732

350 350

1788

850

炉灶开孔

1670

50

1050

432
400

518
509   509
364   864   580

1900

860

237 437

1700

柜门：
18 mm 厚密度板，白色混油面

柜体：
18 mm 厚实木颗粒板，白色敷面

贴砖，包原始柱子

水槽开孔

白色台面

白色造型挡板：
18 mm 厚密度板，白色混油面

5 cm 厚实木台面

5 整体采用无把手设计的厨房定制柜

这个厨房定制柜设计有两大特点：一是双排橱柜采用无把手设计，统一选用按压门板，确保立面的清爽、极简感；二是设计师特别采用了"头重脚轻"的配色，因吊柜造型比较轻薄，所以选用了胡桃木色，地柜为白色亚光门板，超显干净。冰箱、烤箱、洗碗机等统一采用嵌入式设计，台面不用收拾就很整洁。

在左侧设计了转角小吧台，孩子们白天上班不在家，女主人一个人在此吃午饭。

橱柜安装前的照片。橱柜后面的墙面使用了一种比较便宜的瓷砖。定制橱柜前务必预留插座，并请橱柜厂家到现场复测，以确定准确尺寸。

┊柜体详解图┊

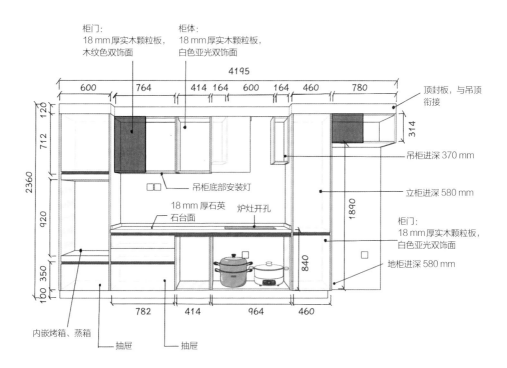

柜门:
18 mm厚实木颗粒板,
木纹色双饰面

柜体:
18 mm厚实木颗粒板,
白色亚光双饰面

4195

600　764　414　164　600　164　460　780

120
712
2360
920
350
100

顶封板,与吊顶衔接

314

吊柜进深 370 mm

立柜进深 580 mm

吊柜底部安装灯

18 mm 厚石英石台面

炉灶开孔

1890

柜门:
18 mm厚实木颗粒板,
白色亚光双饰面

840

地柜进深 580 mm

内嵌烤箱、蒸箱

抽屉

抽屉

782　414　964　460

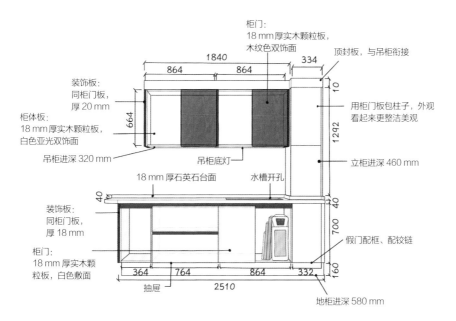

柜门:
18 mm厚实木颗粒板,
木纹色双饰面

1840

864　864

334

顶封板,与吊柜衔接

装饰板:
同柜门板,
厚 20 mm

柜体板:
18 mm厚实木颗粒板,
白色亚光双饰面

吊柜进深 320 mm

664

10

用柜门板包柱子,外观
看起来更整洁美观

1292

立柜进深 460 mm

吊柜底灯

18 mm 厚石英石台面

水槽开孔

40

装饰板:
同柜门板,
厚 18 mm

40
700
160

柜门:
18 mm厚实木颗
粒板,白色敷面

假门配框、配铰链

抽屉

364　764　864　332

2510

地柜进深 580 mm

6 将家电完全藏起来的厨房定制柜

房子是 50 m² 的小户型，餐厅和厨房为一体式设计。宽敞明亮的现代化餐厨空间也是全家的核心活动区和亲子互动的最佳场所，平时孩子也在这里写作业。为了放大空间感，橱柜整体为极简的白色调，抽油烟机、洗碗机、冰箱也统一选用白色。此外，冰箱、烤箱、咖啡机、洗碗机等厨房电器做嵌入式设计，让空间看起来更整洁美观。

台面上特别做了一个小抽屉，用来收纳烘焙模具。

两组吊柜的转角衔接处无法做柜子，设计师在此贴了一面磁吸墙，上面是女主人充满童心的作品，好像在说："Hi，欢迎来到长颈鹿 Jeffery 的咖啡店，请问需要一杯下午茶吗？"

| 柜体详解图 |

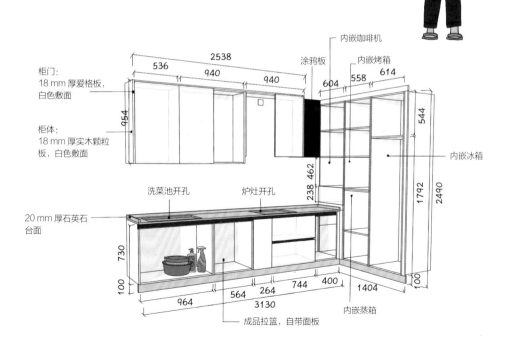

餐厅定制柜

餐边柜泛指餐厅中摆放用餐所需物品的储物柜，包括餐盘、杯具、酒水饮料等，也可随手放置一些展品。餐边柜的具体功能与厨房息息相关，如果厨房空间有限，餐边柜应以收纳功能为主，以分担厨房的储物压力；如果厨房空间比较富余，餐边柜设计可以倾向展示功能，让用餐更有仪式感。

餐边柜收纳的四类物品

水壶、咖啡机、水杯、茶叶、咖啡、酒水饮料等，此外，与水有关的药品也可以放在这里。

纸巾、餐垫、酱料、牙签、开瓶器、醒酒器等，都需要常年放在餐桌附近。

有时餐桌也是临时办公桌，餐边柜就要充当书架，放书籍、文具、办公用品等。

厨房放不下的小电器、锅具、碗碟等，以及客厅放不下的杂物，都可以放在这里。

柜体设计

柜体尺寸

◎ 带操作台的餐边柜

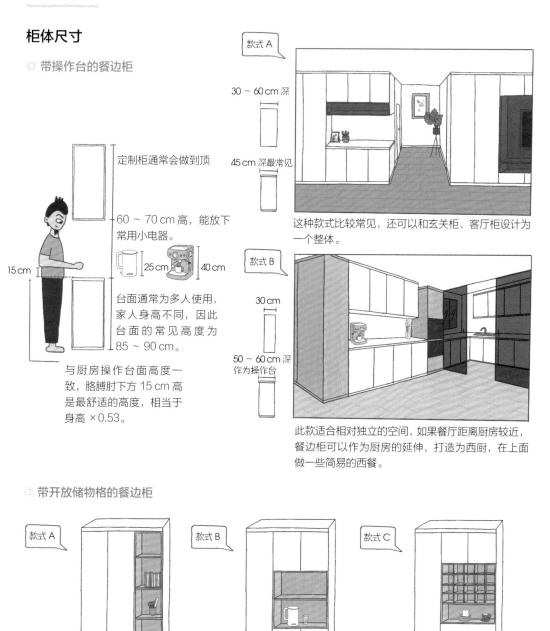

定制柜通常会做到顶

60 ~ 70 cm 高，能放下常用小电器。

25 cm   40 cm

15 cm

台面通常为多人使用，家人身高不同，因此台面的常见高度为 85 ~ 90 cm。

与厨房操作台面高度一致，胳膊肘下方 15 cm 高是最舒适的高度，相当于身高 ×0.53。

款式 A

30 ~ 60 cm 深

45 cm 深最常见

这种款式比较常见，还可以和玄关柜、客厅柜设计为一个整体。

款式 B

30 cm

50 ~ 60 cm 深作为操作台

此款适合相对独立的空间，如果餐厅距离厨房较近，餐边柜可以作为厨房的延伸，打造为西厨，在上面做一些简易的西餐。

◎ 带开放储物格的餐边柜

款式 A   款式 B   款式 C

这几种款式不需要操作台、水吧等，用于简单收纳一些书籍，以及与就餐相关的物品。

◎ 平开门、推拉门、抽屉、开放格子，哪种更适合你？

平开门、推拉门、抽屉和开放储物格子是常见的吊柜柜门款式，这几种柜门各有利弊，但款式不宜过多，应尽量保持统一。

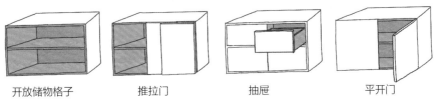

| 开放储物格子 | 推拉门 | 抽屉 | 平开门 |

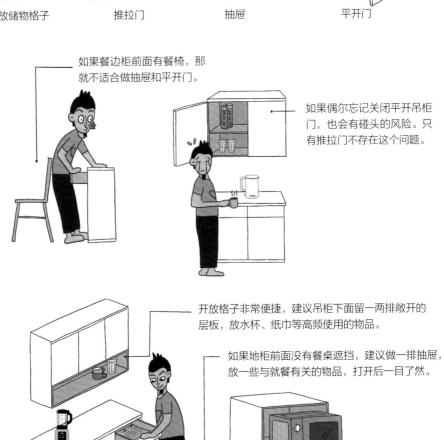

如果餐边柜前面有餐椅，那就不适合做抽屉和平开门。

如果偶尔忘记关闭平开吊柜门，也会有碰头的风险。只有推拉门不存在这个问题。

开放格子非常便捷，建议吊柜下面留一两排敞开的层板，放水杯、纸巾等高频使用的物品。

如果地柜前面没有餐桌遮挡，建议做一排抽屉，放一些与就餐有关的物品，打开后一目了然。

抽屉还可以做成小电器抽屉类型，方便散热，用的时候抽出来即可。

冰箱的选择

◎ **由容量决定**

相同的占地面积，一定是容量越大越好。在对比冰箱参数时，不仅要考虑型号、尺寸，还要留意冰箱的容量。

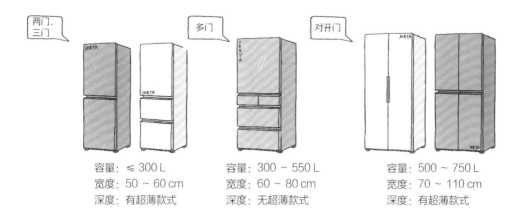

两门、三门

容量：≤ 300 L
宽度：50 ~ 60 cm
深度：有超薄款式

多门

容量：300 ~ 550 L
宽度：60 ~ 80 cm
深度：无超薄款式

对开门

容量：500 ~ 750 L
宽度：70 ~ 110 cm
深度：有超薄款式

◎ **由空间位置决定**

一种情况，宽度固定、深度充足，建议选择进深较大的多门冰箱。

另一种情况，深度有限、宽度充足，推荐超薄冰箱。

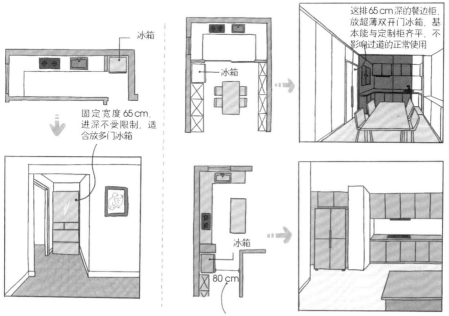

冰箱

固定宽度 65 cm，进深不受限制，适合放多门冰箱

冰箱

这排 65 cm 深的餐边柜，放超薄双开门冰箱，基本能与定制柜齐平，不影响过道的正常使用

冰箱

80 cm

放置超薄对开门冰箱，过道仅有 80 cm 宽，不适合放多门冰箱

冰箱与定制柜"相爱相杀"

◎ 左右散热和上下散热

左右散热的冰箱比较常见，最好在冰箱两侧和上方各留出 10 cm 左右的空隙。如果空间实在不够，5 cm 左右也可以。（散热缝隙太小，会导致冰箱两侧温度过高，影响其使用寿命）

上下散热的冰箱，冰箱上方留 10 cm 左右的空隙，左右两侧只需留出 2 cm 左右的距离即可。

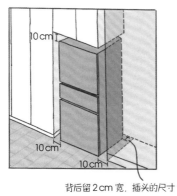

背后留 2 cm 宽，插头的尺寸

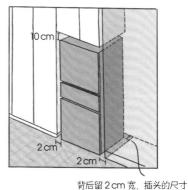

背后留 2 cm 宽，插头的尺寸

◎ 135° 开门和 90° 开门

有的冰箱门需要开到 135°，否则抽屉拉不出来。

有的冰箱门开到 90°，就能拉出抽屉。

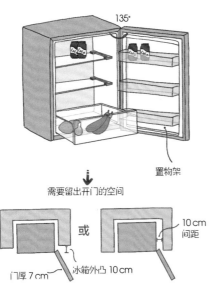

冰箱虽然不能和定制柜完全融为一体，但冰箱生产厂家都在努力"迎合"全屋定制柜。如某知名品牌冰箱的卖点是"90° 开门，可拉取抽屉"，这样冰箱和定制柜之间就不用留出 135° 的开门空间了。在定制柜体前，我们既需要确定冰箱的型号、尺寸，也要注意其开门角度、散热方式等，以此选出最适合自己的冰箱。

玻璃柜门和餐边柜更配

玻璃柜门的款式

常见的玻璃柜门有两种：有框柜门和无框柜门。

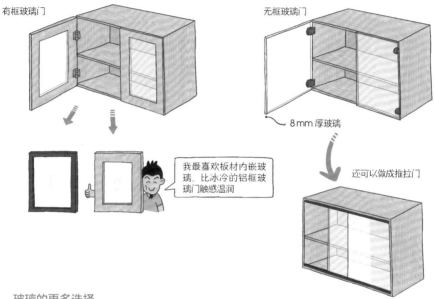

有框玻璃门

无框玻璃门

8mm 厚玻璃

我最喜欢板材内嵌玻璃，比冰冷的铝框玻璃门触感温润

还可以做成推拉门

玻璃的更多选择

除了常见的透明玻璃，还可以选择各种带纹样的磨砂玻璃，如长虹玻璃、夹丝玻璃、灯芯玻璃等，这种玻璃透光不透视，自带朦胧美感，非常适合餐边柜。

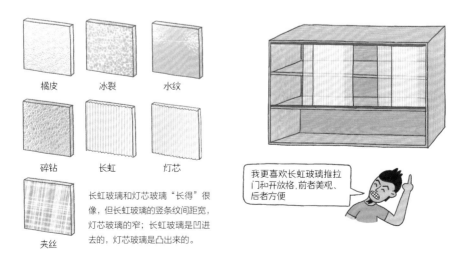

橘皮　　冰裂　　水纹

碎钻　　长虹　　灯芯

夹丝

长虹玻璃和灯芯玻璃"长得"很像，但长虹玻璃的竖条纹间距宽，灯芯玻璃的窄；长虹玻璃是凹进去的，灯芯玻璃是凸出来的。

我更喜欢长虹玻璃推拉门和开放格,前者美观、后者方便

实例应用

1 与入户屏风结合设计的餐边柜

这个户型的厨房只有 5.5 m²，其中水池和操作台就占了大部分空间，在没条件改造为开放式厨房的情况下，设计师在餐厅打造西厨空间，作为中厨的补充。入户门厅正对餐厅，以一扇屏风遮挡视线，屏风与两面墙组成一个凹形空间，刚好放得下一排西式橱柜。

吊柜进深 450 mm，
地柜进深 600 mm。

| 柜体详解图 |

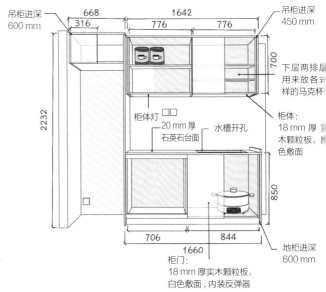

吊柜进深 600 mm

668
316
1642
776
776

吊柜进深 450 mm

700

2232

下层两排层板
用来放各式各样的马克杯

柜体灯 □□

柜体：
18 mm 厚实木颗粒板，白色敷面

20 mm 厚
石英石台面

水槽开孔

850

706
844

1660

地柜进深 600 mm

柜门：
18 mm 厚实木颗粒板，
白色敷面，内装反弹器

2 兼具收纳和展示功能的定制餐边柜

这是一套 30 m² 的小户型，厨房面积不过 2.7 m²，餐厅省去餐桌，以吧台代替，一旁餐边柜的角色便显得十分重要。冰箱采用内嵌处理，因屋主喜欢阅读，并爱好收藏各种马克杯，冰箱两侧的定制柜特别增加开放收纳区，用来展示藏书、马克杯和红酒等。下层的封闭柜门内则收纳一些餐具和杂物。

|柜体详解图|

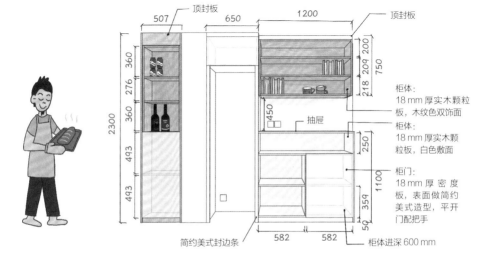

3 餐边柜与玄关柜结合设计，将收纳化零为整

这是一款温馨、实用的餐边柜，柜体设计的亮点是将玄关柜和餐边柜进行整合设计，成功拉大格局视野。此外，设计师特别在餐厅刷了一面珊瑚红背景墙，与其他功能区相区分，餐边柜展示区后方以相同的颜色进行呼应，为空间增添舒适暖意。

| 柜体详解图 |

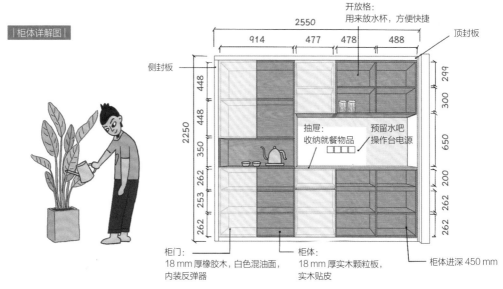

开放格：
用来放水杯，方便快捷

顶封板

侧封板

2550
914　477　478　488

448
448
350
262　253　262
262

2250

抽屉：
收纳就餐物品

预留水吧
操作台电源

299
300　650　200
262　262

柜门：
18 mm 厚橡胶木，白色混油面，
内装反弹器

柜体：
18 mm 厚实木颗粒板，
实木贴皮

柜体进深 450 mm

4 采用隐形设计的定制餐边柜

餐边柜完全嵌入墙体，里面藏着各式各样的酒水饮料，在深色背景的衬托下不显杂乱。推拉柜门特别选用了茶色玻璃，里面的物品若隐若现。柜体底部放置颜色相同的独立酒柜，整个餐边柜的设计完整统一。

餐桌左侧是白色玄关柜，中间开放格子的饰面材质、色系与餐边柜相同，营造出局部的和谐感。

| 柜体详解图 |

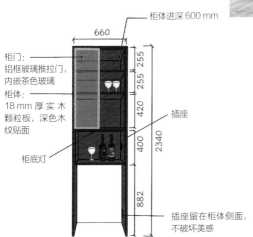

柜体进深 600 mm

660

柜门：
铝框玻璃推拉门，内嵌茶色玻璃

柜体：
18 mm 厚实木颗粒板，深色木纹贴面

柜底灯

255
255
255
420
400
2340
882

插座

插座留在柜体侧面，不破坏美感

5 采用双面设计的定制餐边柜

这是一组嵌入式双面定制柜，柜体总长度为 4.1 m，体量庞大，其中一组柜子开向卧室一侧，朝向卧室的柜子中开放收纳格子可以充当床头柜，实用性满分。开向餐厅一侧特别定制了兼具收纳、展示功能的酒柜，特殊的造型设计让屋主的收藏品成为餐厅的视觉焦点。

灰色的卧室门套直接连接到房顶（门套为定制款式，上面高 13 cm，左右两边宽 5 cm），看上去和定制柜高度一致，增添空间的韵律感。

| 柜体详解图 |

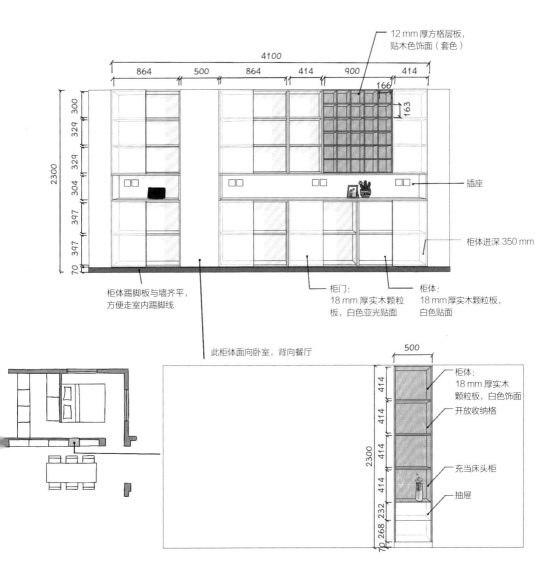

12 mm 厚方格层板,
贴木色饰面（套色）

插座

柜体进深 350 mm

柜体踢脚板与墙齐平,
方便走室内踢脚线

柜门：
18 mm 厚实木颗粒
板，白色亚光贴面

柜体：
18 mm 厚实木颗粒板,
白色贴面

此柜体面向卧室，背向餐厅

柜体：
18 mm 厚实木
颗粒板，白色饰面

开放收纳格

充当床头柜

抽屉

卧室定制柜

卧室主要的定制柜就是衣柜，好的衣柜设计应该是能与使用它的主人合二为一的。如果有条件的话，可以参与到自己的衣橱设计之中，这样日后使用起来才会更顺手。下文总结了几种衣柜款式，可能与定制柜商家按照套路来设计的思路有所出入，需要你根据个人使用习惯与需求稍做调整，充分发挥衣柜的收纳功能。

衣柜收纳就像搭积木

好的衣柜应该是什么样子？

我曾想设计一款完美的衣柜：不用隔三岔五地整理，也不用翻来覆去地找东西；它干净利落，里面的物品各归其位，整齐有序；它很"严谨"，衣物随季节的交替变换位置，丝毫不浪费空间。但是，通过多年的努力，我发现这样的衣柜根本不存在，因为衣柜设计不是公式，也没有标准答案，它和人一样有缺点。

好的衣柜应该是这样的：它偶尔会有一点乱，但会让你每天穿换衣服成为下意识的动作，仿佛没有存在感。

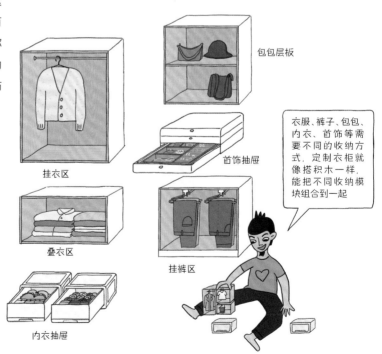

包包层板

首饰抽屉

挂衣区

叠衣区

挂裤区

内衣抽屉

衣服、裤子、包包、内衣、首饰等需要不同的收纳方式，定制衣柜就像搭积木一样，能把不同收纳模块组合到一起

柜体设计

衣柜的尺寸

◎ 分区尺寸

衣柜除了收纳衣物以外，还需要收纳被褥、鞋袜、首饰等，因此需要做出不同的分区。常见的分区包括：储备区、长衣区、短衣区、挂裤区和抽屉等，不同分区设置不同的高度。

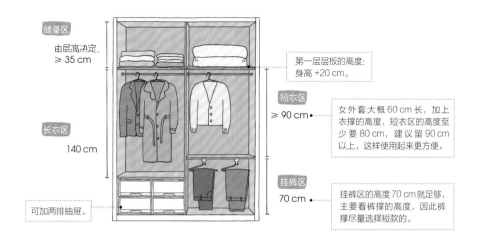

储备区
由层高决定，
≥ 35 cm

第一层层板的高度：
身高 +20 cm。

短衣区
≥ 90 cm

女外套大概 60 cm 长，加上衣撑的高度，短衣区的高度至少要 80 cm，建议留 90 cm 以上，这样使用起来更方便。

长衣区
140 cm

挂裤区
70 cm

挂裤区的高度 70 cm 就足够，主要看裤撑的高度，因此裤撑尽量选择短款的。

可加两排抽屉。

◎ 抽屉的尺寸

抽屉的排布：自上而下，抽屉的高度逐渐增加。不同高度的抽屉适合收纳不同的物品。

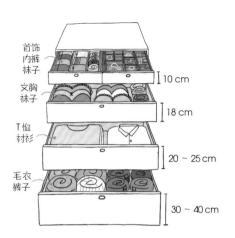

首饰
内裤
袜子
10 cm

文胸
袜子
18 cm

T 恤
衬衫
20 ~ 25 cm

毛衣
裤子
30 ~ 40 cm

◎ 收纳盒的尺寸

收纳盒的尺寸确定好之后，建议上下各预留 1 cm 左右高的冗余空间。

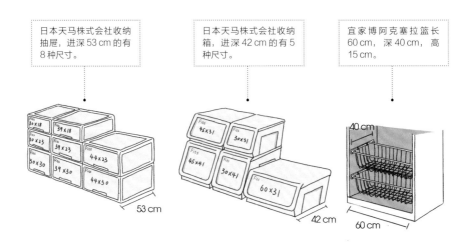

日本天马株式会社收纳抽屉，进深 53 cm 的有 8 种尺寸。

日本天马株式会社收纳箱，进深 42 cm 的有 5 种尺寸。

宜家博阿克塞拉篮长 60 cm，深 40 cm，高 15 cm。

◎ 最重要的尺寸——确定第一层层板的高度

身高 +20 cm 是第一层层板舒适区的最高点。注意：并不是能够放取的最高点

高一些也能够到，但不舒服，每天换穿衣服时需要频繁地踮脚、仰头、伸胳膊，太费劲！

第一层层板太低，空间分割会比较碎，利用率低，不实用

层板

挂衣杆

20 cm

40 cm

衣柜布局方法论

◎ 衣橱总分类

衣柜总长在 2～3 m 之间, 适合做 3 组柜子, 这是比较常见的尺寸。3 组柜子可以分别存放 3 类物品。

◎ 裤子和鞋子可以转个方向

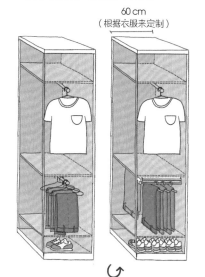

60 cm
（根据衣服来定制）

如果挂裤子和放鞋子,转个方向会更省空间。

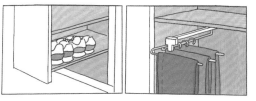

◎ 尽量减少分割

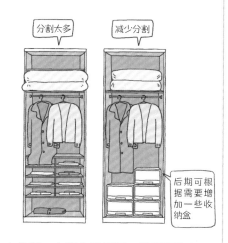

分割太多　　减少分割

后期可根据需要增加一些收纳盒

少分割, 衣柜会更灵活。最重要的是, 减少不必要的分割, 可避免使用过多的板材, 还能降低甲醛污染。

◎ 衣柜小, 多叠放; 衣柜大, 多挂起

20 件 T 恤叠起来所占用的空间, 大概只占挂起来的 1/5。

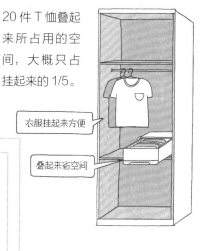

衣服挂起来方便

叠起来省空间

◎ 3 款定制衣柜，满足不同需求

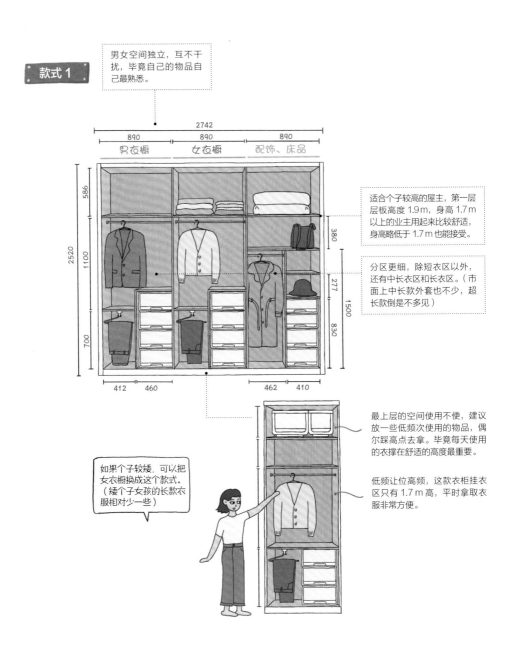

款式1

男女空间独立，互不干扰，毕竟自己的物品自己最熟悉。

2742
890   890   890
男衣橱   女衣橱   配饰、床品

2520
586
1100
700

380
277
830
1500

412   460   462   410

适合个子较高的屋主，第一层层板高度 1.9 m，身高 1.7 m 以上的业主用起来比较舒适，身高略低于 1.7 m 也能接受。

分区更细，除短衣区以外，还有中长衣区和长衣区。（市面上中长款外套也不少，超长款倒是不多见）

最上层的空间使用不便，建议放一些低频次使用的物品，偶尔踩高点去拿。毕竟每天使用的衣撑在舒适的高度最重要。

低频让位高频，这款衣柜挂衣区只有 1.7 m 高，平时拿取衣服非常方便。

如果个子较矮，可以把女衣橱换成这个款式。（矮个子女孩的长款衣服相对少一些）

款式 2

男女空间独立，下面的抽屉可以存放内衣，这款衣柜基本可以容纳一个人当季的所有衣物。

男衣橱第一层层板高 2 m，不浪费空间。

我们常见的衣柜布局是这样的：男女挂衣区高度一致，空间分割细碎。倘若衣柜为一人使用，建议挂衣区可以设置得多一些

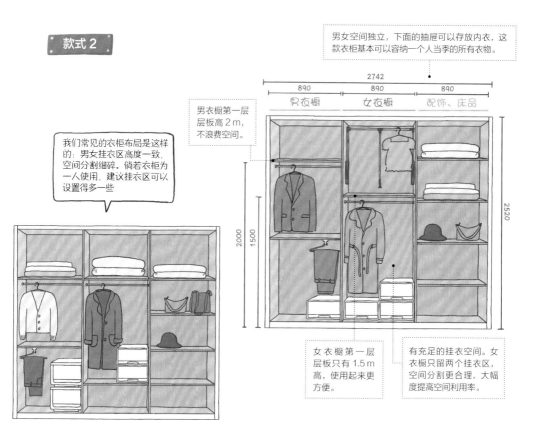

女衣橱第一层层板只有 1.5 m高，使用起来更方便。

有充足的挂衣空间。女衣橱只留两个挂衣区，空间分割更合理，大幅度提高空间利用率。

款式 3

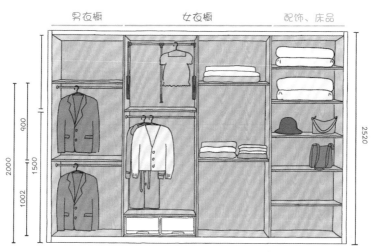

如果空间足够，可以考虑增加一组女衣橱，中间放经常穿换的衣服，高一点的位置挂偶尔穿的。

平开门

 和柜体完美贴合,无缝隙,不容易落灰;柜门可以做成各种样式,且能完全打开,衣物一览无余。

开门占空间。(一扇门的宽度为 40 ~ 50 cm,如果柜子和床之间的距离小于 80 cm,不合适选用平开门)

推拉门

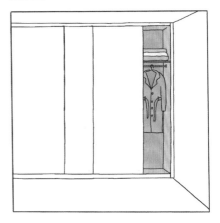

 省空间。

 轨道灰尘不好打理,两扇门不能同时打开。

衣柜门的 4 种选择

折叠门

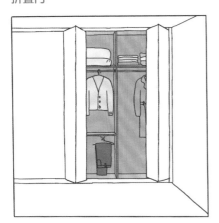

 省空间,柜门能全部打开。

不仅轨道灰尘不好打理,还容易出故障。

门帘

 可以常年拉开,变成开敞式,偶尔来人的时候拉上遮乱。

 有人会觉得不显档次。

总结:对于前三种衣柜来说,首选平开门。如果是比较封闭的空间,没有那么多灰尘,建议直接选择门帘。

案例应用

1 榻榻米和衣柜相结合的定制设计

这间 10 m² 的小次卧拥有惊人的
储物空间，整墙衣柜近 3.6 m 长，
足以放下屋主的所有衣物和被褥。
家具统一选择白色调，没有太出
挑的配色和夸张的造型，巧妙弱
化大体量柜体的存在感。整个衣
柜的挂衣区较多，屋主说："我
平时更喜欢把衣服挂起来，其他
物品直接放在床外侧的三组大抽
屉中。"

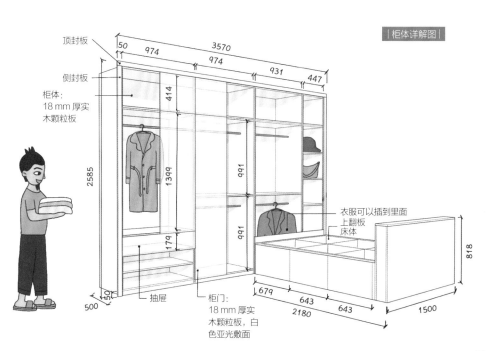

柜体详解图

顶封板

侧封板

柜体：
18 mm 厚实
木颗粒板

抽屉

柜门：
18 mm 厚实
木颗粒板，白
色亚光敷面

衣服可以插到里面
上翻板
床体

2 采用双色拼接设计的简约衣柜

夫妻俩喜欢简约的日式风格，向往白色和原木色营造的温馨氛围。按照屋主的思路，卧室的衣柜设计采用了白色和原木色的双色拼接处理，简约而不显得单调，地板、实木推拉门和其他家具也是原木色，但在明度上做出些微差异。长短两款黑色极简把手遥相呼应，点缀在白色的柜门上，带来细节上的变化。

桌板穿插到衣柜里，打破了传统衣柜的设计节奏，丰富视觉层次，也与最右侧的柜门相呼应。

衣柜从卧室延伸到了卫生间，创造出充足的收纳空间。

一侧的浴室柜为开放式，挂上浴袍，任它自然风干。靠洗手台的那扇柜子，用来围放女主人的化妆品，也放得下行李箱。

| 柜体详解图 |

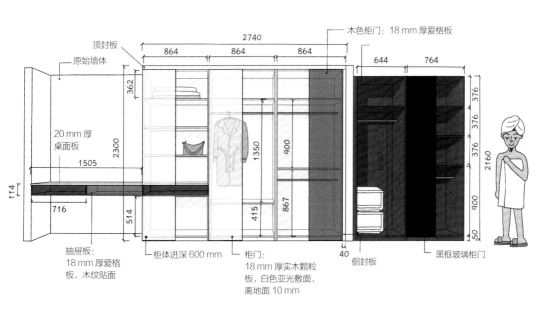

木色柜门：18 mm 厚爱格板

2740
864   864   864

顶封板

原始墙体

362

644   764

20 mm 厚
桌面板

2300

1505

376

376

1350

376

1680

900

2160

114

716

514

415

867

900

50

抽屉板：
18 mm 厚爱格
板，木纹贴面

柜体进深 600 mm

柜门：
18 mm 厚实木颗粒
板，白色亚光敷面，
离地面 10 mm

40

侧封板

黑框玻璃柜门

3 将休闲吧台融入定制柜设计之中

这间卧室的衣柜设计能带给人休闲、放松之感。因屋主的衣服和杂物并不多，设计师将衣柜收纳的任务分离出去一部分，只保留一组 63 cm 宽的开放衣柜，用来放平时换穿的家居服，省去了大容量衣柜，保持卧室单纯的休憩功能。定制的假飘窗可作为休闲区，座榻比窗台略低，坐在上面靠着墙比靠着窗户更有安全感。

| 柜体详解图 |

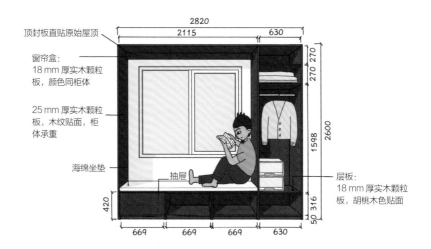

顶封板直贴原始屋顶

窗帘盒：
18 mm 厚实木颗粒板，颜色同柜体

25 mm 厚实木颗粒板，木纹贴面，柜体承重

海绵坐垫

抽屉

层板：
18 mm 厚实木颗粒板，胡桃木色贴面

2820
2115
630
270 270
2600
1598
50 316
420
669 669 669 630

4 令人羡慕不已的超长极简衣柜

3.9 m 长的定制衣柜是这间卧室最亮眼的设计，8 扇顶天立地的白色柜门"自带气场"，4 根细长的黑色拉手像音符一样，充满韵律感。这种满墙柜看不到厚重的柜体侧面，能够拉长进深，让空间更显完整统一。

｜柜体详解图｜

衣柜分区明确，男女各半，每个人都有长短挂衣区、收纳包包的搁板、收纳内衣的抽屉。不同的是男衣区比女衣区多了挂裤子的地方。

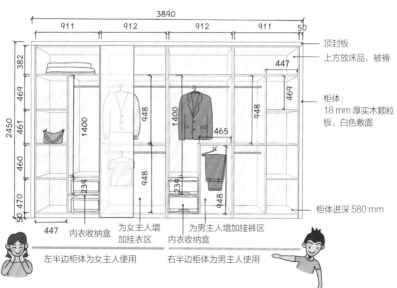

3890

911　912　912　911　50

顶封板
上方放床品、被褥

382　469　469　461　1400　948　948　948　1400　465　948　469　447

2450

460　470　239　239　948

50

柜体：
18 mm 厚实木颗粒板，白色敷面

柜体进深 580 mm

447　内衣收纳盒　为女主人增加挂衣区　为男主人增加挂裤区　内衣收纳盒

左半边柜体为女主人使用　　右半边柜体为男主人使用

5 彰显温馨感的美式风格定制衣柜

卧室延续整个房间简约美式的设计风格，定制衣柜不再是孤立的存在，而是整个空间设计的重要一环。衣柜的门板造型和床头背景墙上的护墙板相呼应，带出美式风格特有的复古情调；柜门把手和吊灯、化妆镜统一使用黄铜材质，彰显轻奢贵气；柜门和床为冷灰色，整个柜体设计与空间融为一体。

柜门的黄铜把手轻松带出美式风格特有的复古、精致感。

化妆桌左侧和墙体之间预留 20 cm 宽的距离，方便双层遮阳窗帘打开后塞进柜子里。定制衣柜和窗帘相互冲突的情况十分常见，应预留窗帘的空间。

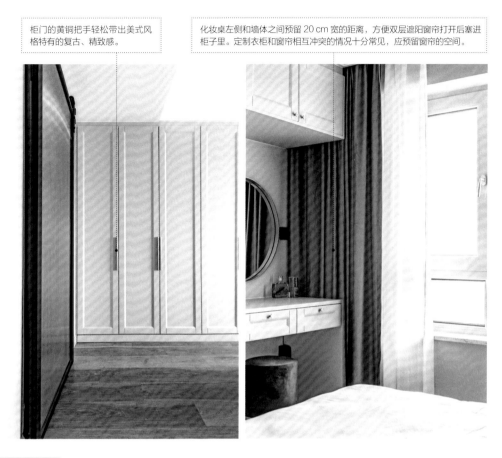

| 柜体详解图 |

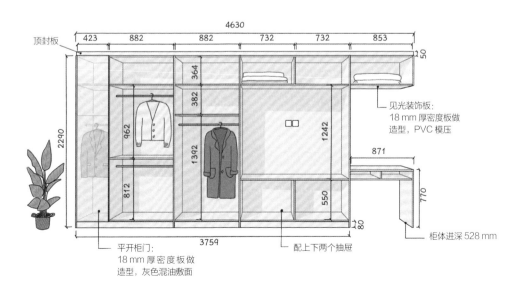

顶封板

4630

423 882 882 732 732 853

50

364

382

962

1392

812

2290

1242

550

80

3759

见光装饰板：
18 mm 厚密度板做造型，PVC 模压

871

770

柜体进深 528 mm

平开柜门：
18 mm 厚密度板做造型，灰色混油敷面

配上下两个抽屉

6 即使随手扔衣服，也不显杂乱的卧室

这间卧室中的家具全部是量身定制的，包括床架和床头背板。与床头背板衔接处的一扇衣柜采用特殊处理，增加了原木色收纳抽屉，可以作为床头柜使用。睡觉前可以把手机、充电器等小物件直接放在抽屉上方。抽屉下面放了一个脏衣篓，方便收纳屋主穿过的衣服。

| 柜体详解图 |

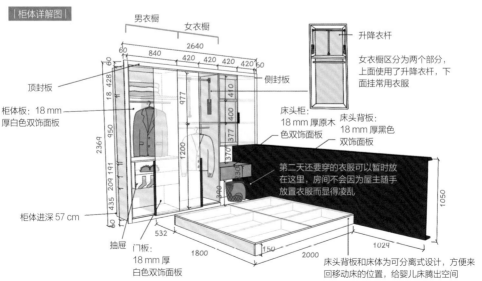

男衣橱
女衣橱
2640
60 840 420 420 420 420 60

顶封板

柜体板：18 mm
厚白色双饰面板

18 428 977 410 400 377

2369 950 1200 370

435 209 191

柜体进深 57 cm

抽屉

门板：
18 mm 厚
白色双饰面板

532

1800

150

2000

侧封板

升降衣杆

女衣橱区分为两个部分，上面使用升降衣杆，下面挂常用衣服

床头柜：
18 mm 厚原木
色双饰面板

床头背板：
18 mm 厚黑色
双饰面板

第二天还要穿的衣服可以暂时放在这里，房间不会因为屋主随手放置衣服而显得凌乱

1050

1024

床头背板和床体为可分离式设计，方便来回移动床的位置，给婴儿床腾出空间

7 简约优雅的法式风格定制柜

这间次卧定制家具的风格是时下非常流行的简约法式，衣柜门板上带有标志性的装饰线条，浅咖色亚光面板材搭配同色系窗帘和床垫，赋予空间简单素雅的格调。床板选择能够抽拉的款式，床的宽度可以从 1.2 m 调整为 1.5 m。偶尔来客人，单人床秒变双人床，功能性十足。

| 柜体详解图 |

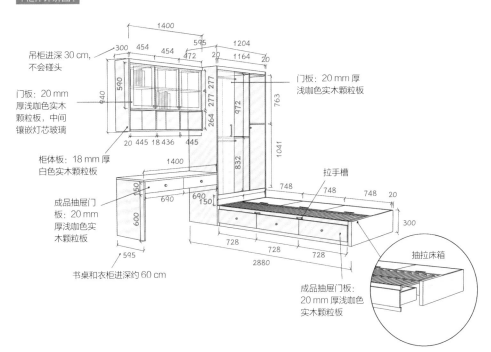

吊柜进深 30 cm，不会碰头

门板：20 mm 厚浅咖色实木颗粒板，中间镶嵌灯芯玻璃

柜体板：18 mm 厚白色实木颗粒板

成品抽屉门板：20 mm 厚浅咖色实木颗粒板

书桌和衣柜进深约 60 cm

门板：20 mm 厚浅咖色实木颗粒板

拉手槽

抽拉床箱

成品抽屉门板：20 mm 厚浅咖色实木颗粒板

板材、五金等基础知识

在全屋定制柜设计中，板材和五金也是不可忽视的一部分。板材的质量关乎定制家具的使用寿命，其中甲醛含量的高低直接影响居住者的身心健康。而五金大多是定制家具中的隐藏部件，其作用多体现在无形之中，"差之毫厘，谬以千里"，五金的细节也决定了家具的使用寿命、品质，以及使用者的体验。

板材篇——定制家具，从选择一款环保的板材开始

五花八门的名字，从分类说起

实木板、大芯板、密度板、生态板、实木颗粒板……市面上的板材可能有几十种之多，起的名字也五花八门，让人十分迷惑，但无论板材叫什么名字，无论是国产还是进口，凡是经过二次加工的材料都属于人造板。

人造板价格便宜，结实又防水，性价比极高，因而成为大多数人首选的定制柜板材。

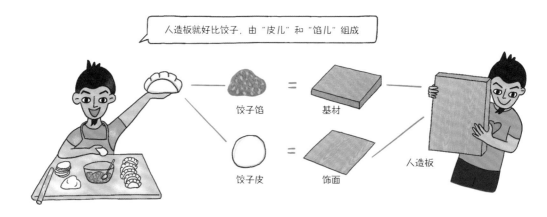

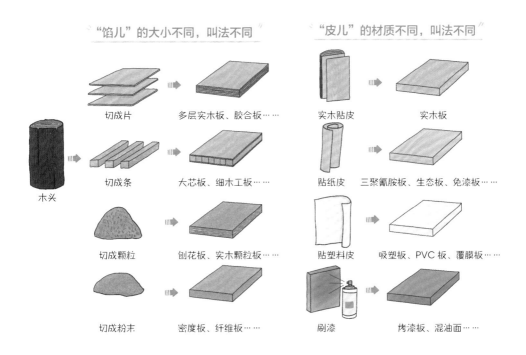

"馅儿"的大小不同，叫法不同

木头
- 切成片 → 多层实木板、胶合板……
- 切成条 → 大芯板、细木工板……
- 切成颗粒 → 刨花板、实木颗粒板……
- 切成粉末 → 密度板、纤维板……

"皮儿"的材质不同，叫法不同

- 实木贴皮 → 实木板
- 贴纸皮 → 三聚氰胺板、生态板、免漆板……
- 贴塑料皮 → 吸塑板、PVC 板、覆膜板……
- 刷漆 → 烤漆板、混油面……

甲醛从哪里来？

室内甲醛污染的主要来源是人造板中的胶水（只要是人造板，就离不开胶）。板材是否环保，与其中的"馅儿"的胶水含量有关，也跟"皮儿"包裹得是否严实有关。专业的表述是，基材的质量和饰面的工艺。

"馅儿"在加工过程中会使用大量胶水，才能把木头的小单元牢牢粘在一起。比如刨花板，要把切碎的小木块放在含有胶水的滚筒里搅拌，然后热压在一起。疏松的木头内部会渗入很多胶水，因此甲醛挥发的周期长达十几年，甚至永久。

甲醛主要来源

热压渗透胶水

饰面工艺影响甲醛释放

市面上绝大多数的人造板使用的都是含甲醛的胶（脲醛树脂胶），很少一部分用的是不含甲醛的胶（MDI 胶等新型胶水），做成无醛人造板。

板材是否环保，关键有两点

◎ 看是否达到 E1 级环保标准

国家强制执行的标准只有一个——E1 级环保标准，其检测方法和衡量标准已与国际接轨，因此只要是 E1 级，国产、进口差别不大。目前，市面上的常见板材大部分也是 E1 级标准。

◎ 通过正规渠道，购买品牌板材

环保标签的背后也有可能是一张以次充好、甲醛含量超标的劣质板材。由于在实际抽检过程中，板材环保检测的合格率较低，而且市面上的假货较多，因此一定要从正规渠道购买品牌板材，这样才能更放心。

3 种常见板材大对比

◎ 人造板	◎ 实木板	◎ 无醛人造板
	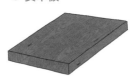	
性价比最高，使用最普遍，劣质品假货也最常见。（E1 级环保标准 + 正品，购买才更放心）	环保，款式多，价格虽贵，但其优点是其他板材无法取代的。（天然木材本身含有一定量的甲醛，此处忽略不计）	目前普及率并不高，且市面上也不多见，但性价比高且环保，推荐购买！

五金篇——让家具更好用、更耐用

没有把手也能正常开门

目前，市面上的定制柜，没有把手的柜门反而比带把手的更常见。按压门、暗藏拉手和免把手是最常见的无把手柜门款式。

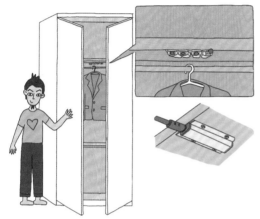

◎ 按压门

一按即开，需要安装的五金叫反弹器。如果是特别厚重的大尺寸柜门，建议选择质量好一点的。

◎ 暗藏拉手

这种款式如今也非常流行，把手更像是一种装饰，与柜门融为一体。

◎ 免把手

这种把手常用于橱柜中，留一个手能伸进去的缝隙（约 2 cm 宽），就能直接把门打开。

抽屉五金

◎ 板材 + 滑轨

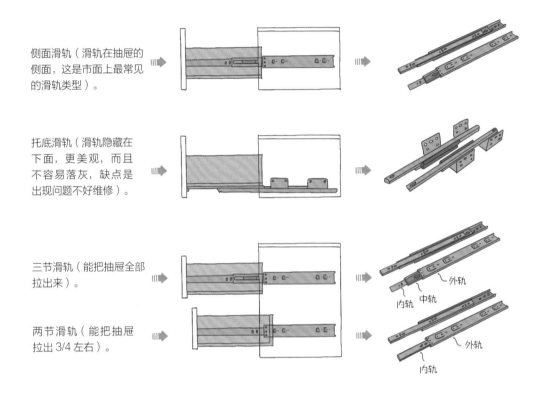

侧面滑轨（滑轨在抽屉的侧面，这是市面上最常见的滑轨类型）。

托底滑轨（滑轨隐藏在下面，更美观，而且不容易落灰，缺点是出现问题不好维修）。

三节滑轨（能把抽屉全部拉出来）。

两节滑轨（能把抽屉拉出 3/4 左右）。

对于衣柜抽屉推荐使用三节侧面滑轨，滑轨最好能带阻尼缓冲，轻轻往里一推，距离 3 cm 左右的时候，抽屉就能自动关上。

◎ 钢帮抽屉

钢帮抽屉是指抽屉本身自带金属滑轨，使用寿命长。推荐橱柜、浴室柜使用此款抽屉，防水、防潮。

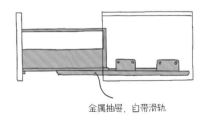

金属抽屉，自带滑轨

衣柜内的便捷五金

橱柜中的转角拉篮和升降柜，使用起来大而笨重，对女生来说可能不太"友好"（需要花点力气），且它们本身也会占用一定空间。而衣柜内的五金小巧而轻便，确实能节省不少空间，这里推荐升降衣架和抽拉衣架。

转角拉篮
本身会占一定空间

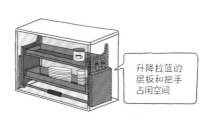

升降拉篮的
层板和把手
占用空间

◎ 升降衣架

常见格局

配升降衣架

分割比较碎，
上面够不到，
使用下面的空
间总得弯腰

充分利用衣柜上面够不到的空间来挂
衣服，减少分割。下面的挂衣区高度
与视线齐平，拿取更方便，挂经常换
穿的衣服。总共挂两排衣服，换季的
时候上下倒腾一下即可，不用叠衣服。

◎ 抽拉衣架

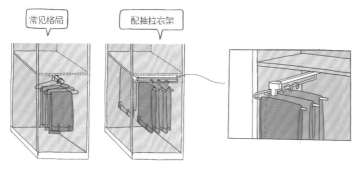

常见格局

配抽拉衣架

上文"卧室定制
柜"中有提到，
这样挂裤子会比
较省空间。

◎ 折叠床

可以折叠的床，通常用在不经常住人的卧室。这种折叠床的五金配件现在已经非常成熟了，一个女生单手就能操作。

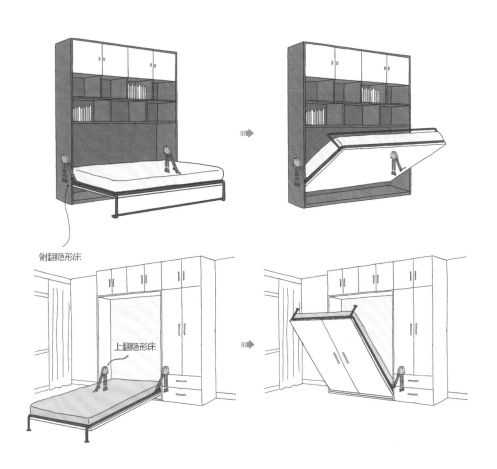

侧翻隐形床

上翻隐形床

鉴定奢侈品包包的时候，有一个细节就是看五金。比如仿品拉链的锯齿粗糙、坑洼不平，而正品拉链的锯齿经过多次打磨后显得圆润平滑。五金同样决定了定制家具的品质和档次。

选择五金，要注意看两点：一看材质，二看品牌。我们现在常用的五金都是不锈钢材质，但不锈钢也有优劣之分，比较有名的是 304 不锈钢。例如，某位业主在定制橱柜时，商家随意搭配了便宜的五金，由于厨房比较潮湿，不到一年橱柜中的合页就锈迹斑斑了。此外，最好购买知名品牌的五金，这样品质才更有保证。

柜体的更多可能

挂满墙和不靠墙

◎ 定制柜体时，最好可以撑满整面墙

这样做既美观，也能充分利用空间。此外，打造满墙柜子还能跟旁边的餐边柜、玄关柜连起来，让空间显得更和谐、更统一。

通常用 8 ～ 10 cm 厚的轻质砌块新建墙体，最后完成的墙面厚度为 10 ～ 12 cm。也有的使用轻钢龙骨和石膏板来新建墙体，墙面能做到 5 ～ 6 cm 厚，这种墙体施工比较快，但承重性稍微差一些。

◎ 不靠墙

如果柜体不靠墙，最好设计成顶天立地的款式。

侧面和墙衔接的地方用螺钉固定

单面开门的柜子，正面和背面用一样的柜门板，背面做成假柜门

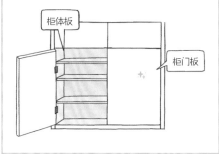

柜体板和柜门板的区别

柜体板和柜门板看似相同，实际上使用的板材是有差异的。柜门板的做工更精细，比如板材的封边工艺，柜门板油漆喷涂的平滑度、色泽也比柜体板要好一些。此外，柜门板的造价也更高一些。

柜体板

柜门板

还可以"背靠背"

两组"背靠背"的定制柜，可以两面收纳，并代替墙体来界定空间，一物多用，有效提升空间利用率

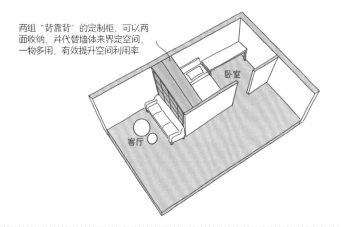

卧室

客厅

转角柜设计

◎ 玄关转角柜

玄关柜的进深通常在 30 ～ 40 cm 之间，常规的拼接方式有两种（见右图）。

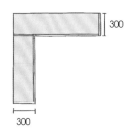

300

300

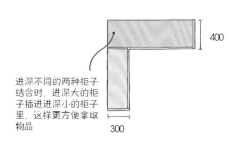

400

进深不同的两种柜子结合时，进深大的柜子插进进深小的柜子里，这样更方便拿取物品

300

◎ 衣柜转角柜

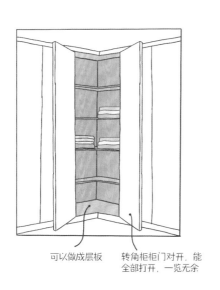

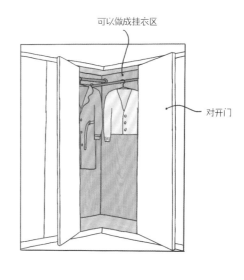

可以做成挂衣区

对开门

可以做成层板

转角柜柜门对开，能
全部打开，一览无余

◎ 厨房转角柜

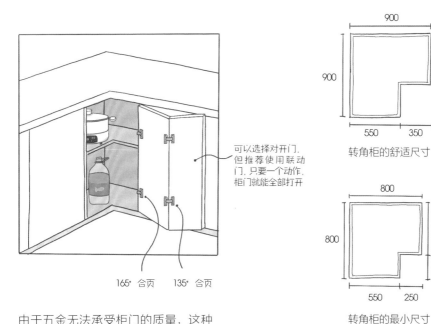

可以选择对开门，
但推荐使用联动
门，只要一个动作，
柜门就能全部打开

165° 合页　　135° 合页

由于五金无法承受柜门的质量，这种
联动门只适用于橱柜中。

转角柜的舒适尺寸

转角柜的最小尺寸

封板也能做文章

封板的概念

柜体与周围墙面结合的地方，需要单独的一块板材进行封边。

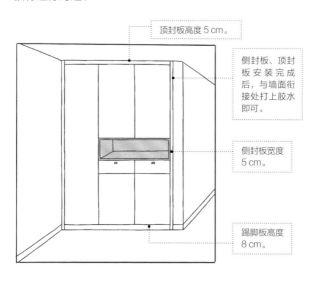

顶封板高度5 cm。

侧封板、顶封板安装完成后，与墙面衔接处上胶水即可。

侧封板宽度5 cm。

踢脚板高度8 cm。

封边条的作用

柜体和墙面不可能完全贴合，封边条可以巧妙解决这个问题，也能防止开门时柜门碰到房顶或柜前筒灯。（侧封板如果比较短，可以直接省去）

冰箱

柜子的高度只有50 cm，误差控制在5 mm以内，省去收边条，直接打胶。

封边工艺

确定要做定制柜的墙面应尽量保持平整，油工第二遍泥子打磨完之后，使用2 m长靠尺检验一下墙体的平整度，误差尽量控制在3 mm以内。如果柜子安装到一半才发现墙体不平整（误差在5 mm以上），就要停止安装，把墙面修平。

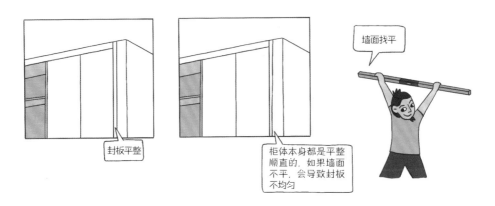

封板平整

柜体本身都是平整顺直的，如果墙面不平，会导致封板不均匀

墙面找平

踢脚板与踢脚线高度一致, 更美观

提前考虑定制柜与踢脚线的衔接方式

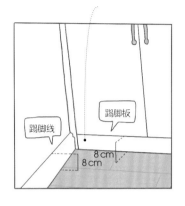

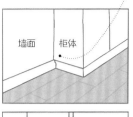

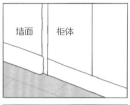

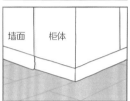

收口条的装饰效果

◎ 改变封板的颜色

定制柜上方采用深色的封板条, 像给柜子勾了黑边, 以此强化房间的几何构成感

◎ 设计师的新宠——落地柜门

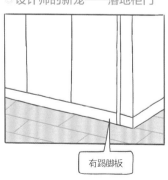

有踢脚板

落地柜门距地面 2 cm

第 2 章

空间
全屋定制案例应用

案例 1

过道藏着冰箱、"电系"家政区，
这个精细化住宅设计实在是太赞了

空间设计和图片提供：本居设计

使用面积： 91 m²	
家庭成员： 夫妻 +2 个孩子	
房屋类型： 3 室 2 厅 1 卫	
主案设计： 毛啊毛	
使用建材： 黑板漆、玻璃移门、大理石瓷砖、白色小方砖、木饰面	

全屋定制设计要点

A 玄关 | 进门右侧定制多功能玄关柜，兼具鞋柜、餐边柜等多重功能，柜体中部镂空，延伸至窗边。

B 厨房 | 将封闭的厨房打开，采用多扇对角推拉门做成可分可合式，增强公共空间的交互性。

C 客厅 | 利用客厅面宽较大的优势，在墙体两侧定制容量超大的书柜，打造多元起居空间。

D 次卧 | 在门后定制整墙通顶衣柜，与开放式书柜组成丰富的储物空间。

E 主卧 | 门开中间，在门后定制整墙 L 形衣柜，同时垫高飘窗，在一侧做收纳抽屉。

F 卫生间 | 利用狭长的走廊空间，打造三式分离卫生间，单独辟出"电系"家政区，提升空间利用率。

厨房地面铺贴灰色瓷砖，清爽好打理，与客厅、餐厅的木地板形成对比，隐性划分不同的功能区

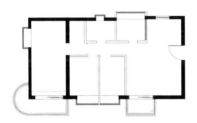

改造前平面图

改造后平面图

一柜多用，小空间拥有大功能

进门右手边定制整面柜体，兼具鞋柜、餐边柜等多重属性，柜体的斜切角处理，体现了设计师对家居安全的考虑；中间的镂空部分延伸至窗边的木台面。餐桌不用时可推进台面下预留的空间，其余靠墙部分统一做收纳柜，白色和原木色的经典搭配，让空间画面显得清爽又富有层次。

◉ **柜体设计。** 柜体采用斜切角处理，既是出于对家居安全的考量，又能增强装饰效果。

可分可合的交互性餐厨空间

为了保证公共空间的通透性，设计师打通厨房，采用多扇对角推拉门做成可分可合式餐厨空间，原本呆板的客餐厅布局，一下子变得丰富起来。厨房墙面简单铺贴白色小方砖，极致的收纳设计在厨房中也得到了充分体现，L形吊柜挂满墙面，白色调为主的厨房与餐厅风格相协调。

◈ **材质使用。** 为了让柜体呈现干净利落的质感，吊柜统一选用了白色烤漆门板。

两面大书柜定义多元起居空间

屋主一家人平时都喜欢读书，对电视机的需求不高，设计师舍弃以电视机为中心的传统布局方式，利用客厅 4.3 m 的面宽优势，依两侧墙体定制通高柜体，柜子既可藏书，也能收纳一家人的公共物品，容量惊人。沙发、茶几可随意摆放，这种"不拘一格"的布局更有利于引导家人的沟通交流。此外，设计师用可升降投影仪作为观影工具，满足客厅的娱乐功能需求，打造私人家庭影院。

◎ **材质使用。**呼应全屋的木元素，两面书柜全由木材打造，利用相同的材质让各个空间产生关联。

● **尺寸建议。**书柜深度 35 cm，书籍前面还能有部分空间展示一些小型收藏品，为客厅增添生活气息。

95

主卧定制 L 形大容量衣柜，丰富储物空间

主卧位于整个空间的内侧，是全家最私密的场所。纯白的主色调搭配原木色，营造优雅舒适的居室氛围。卧室面积大，收纳设计也不能放松，设计师在门后定制整墙 L 形衣柜。超大的柜体容量完全能够媲美独立衣帽间，柜体部分做开放格子，搭配收纳盒，更显秩序感。柜门拉手选择黑色超长款，能有效拉长柜身比例。同时垫高飘窗，侧方做收纳抽屉，边角空间也不浪费。

◐ **五金选用**。黑色极简长条拉手纤细轻巧，赋予空间秩序感，搭配白色柜门，营造干练的视觉效果。

整墙衣柜 + 开放书架，满足随手取书需求

次卧面积虽不大，却布置得温馨舒适。开放式书架和封闭衣柜相连，同样满足屋主提出的随手取书的需求，灰蓝色床品与原木色柜体的搭配，彰显沉稳与大气之感。

◎ **材质使用**。柜体以白色烤漆门板搭配原木板做出对比呈现，开放式设计满足随手取阅书籍的需求。

1

遵循就近收纳的原则，设计师在厨房岛台靠餐桌一侧设计了两排小型置物架，方便孩子随手取阅书籍。

2

将洗手台外移，打造干湿分离卫生间，洗手台旁是"电系"家政区，洗衣机、烘干机统一嵌入柜体中，开放格子用来收纳卫生间常用物品。

3

屋子中间的走廊近 5 m 长，设计师在厨房对面的墙体内嵌入双开门冰箱，打破长走廊的沉闷感。

案例 2

110 m² 超强收纳之家，全屋定制柜体，让生活充满秩序感

空间设计和图片提供：涵瑜室内设计

使用面积：110 m²
家庭成员：1 人
房屋类型：2 室 2 厅 2 卫
主案设计：熊志伟
使用建材：木饰面、水磨石砖、彩色乳胶漆、黑框玻璃隔断

极简玄关，仅使用一面拱形穿衣镜来进行装饰

全屋定制设计要点

A 客厅│舍弃传统的电视背景墙，以投影幕布代替，定制整面顶天立地储物柜，增加容量可观的收纳空间。

B 餐厅│打通餐厅和厨房之间的墙体，设计餐厨一体化空间，柜体统一采用嵌入式，不占视觉空间，一个人生活也要井井有条。

C 厨房│将原生活阳台进行封窗，定制储物中岛，与餐厅相衔接。

D 次卧│借用部分衣帽间空间，用来扩大次卧面积，在床尾定制多功能储物柜，既满足收纳需求又美观。

E 衣帽间│根据屋主需求，设计师将主卧对面的一间卧室改为衣帽间，定制 L 形封闭衣柜，并与主卧打通，中间定制通透的玻璃推拉门。

改造前平面图

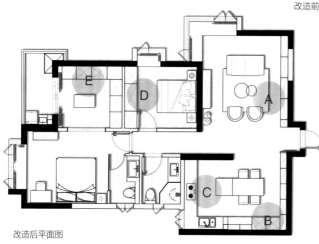

改造后平面图

● **尺寸建议。**定制柜长 4.3 m，高 2.3 m，深 35 cm，容量超大，能满足多重收纳需求。

● **五金选用。**定制柜整体采用无把手设计，内部使用反弹器进行开合，展现平整利落的视觉效果。

隐身于墙体的三色搭配收纳柜

空间面积小，要重视收纳设计；空间面积大，收纳设计也不容忽视。由于屋主平时没有看电视的习惯，设计师舍弃电视墙，在客厅定制了整面线条利落的通高储物柜，将公共区域的闲置物品完全隐藏于无形之中。"藏八露二"的收纳结构美观又实用，沙发旁的柜体特别设计黑色开放格子，方便就近收纳；原木饰面的加入巧妙平衡了黑与白的强烈视觉对比。柜门统一采用无把手设计，简化立面线条，营造出极简清爽的视觉感受。

超长餐边柜让收纳变成一门艺术

设计师将餐厅和厨房之间的墙体打通，打造餐厨一体式空间，厨房中岛既可作为西厨区和备餐台，又巧妙衔接餐厅。餐厅最抓人眼球的设计是餐桌旁的超长餐边柜，以及将冰箱、微波炉、电烤箱等妥善收入其中的隐藏式收纳柜。温馨的场景设计，让一人居也充满仪式感和"小确幸"。

◎ **材质使用。**餐边柜采用两段式设计，上柜门为白色亚光烤漆面板，下柜门铺贴木饰面，经典的双色搭配温馨又不失时尚感。

◎ **尺寸建议。**餐边柜长 3 m，进深 30 cm。

藏在主卧中的精致衣帽间

由于平常只有屋主一人居住，用不了那么多房间，设计师优化格局，将三室变为两室，并为屋主量身定制了一间精致的衣帽间。衣帽间直接与主卧连通，中间隔以通透的黑框玻璃移门。卧室的整体设计与公共区域保持一致，无烦琐的装饰，以简约的线条为基调，配色上仍是低彩度的原木色和白色，为屋主打造一处可以完全放松身心的场所。

衣帽间的设计也是极简、雅致的，设计师依墙定制L形衣柜，不同季节的衣物都有其归属，方便取用。一门到顶的衣柜和极简的黑色拉手自然延伸了整个墙面，搭配展柜式玻璃门，更添精致度和设计感，让屋主每天换装的心情都是轻松愉悦的。

◎ **材质使用。**展示柜柜门特别选用黑框玻璃，增加柜体的层次感和精致度。

● **尺寸建议。**衣柜高 2.5 m，进深 60 cm，横长 2.3 m，侧长 2.3 m，收纳功能强大，无论衣物、包包还是鞋子都可收入其中。

1

借用部分衣帽间空间，定制整面柜体（深度 60 cm），轻松解决次卧的收纳问题，柜体中间预留电视机位置。

2

两段式餐边柜，设计师在中间预留了插座，用来日后摆放小家电和收藏品，实用性和美观性兼备。

3

从玄关延伸至室内的客厅定制柜，整合了隐藏式鞋柜、书柜、展示柜等多种功能，白色、黑色和原木色的搭配，赋予柜体更多层次感。

案例
3

82 m² 精装房改造，整屋收纳力翻倍，屋主说"住到老都不会乱"

空间设计和图片提供：本墨设计

使用面积： 82 m²
家庭成员： 夫妻
房屋类型： 3室2厅2卫
主案设计： 史宁
使用建材： 长虹玻璃折叠门、强化复合地板、木饰面、六角瓷砖

全屋定制设计要点

A 玄关｜将原来上下分体式玄关柜改成顶天立地款式，同时预留出换鞋坐凳区和衣帽悬挂区。

B 餐厅｜抬高飘窗，做收纳抽屉，兼具餐边柜功能，并将建筑凹槽部分整合为收纳壁龛。

C 客厅｜定制整墙电视柜，将左侧过道折角柜体设置为家政收纳柜，有效提升走廊的空间利用率。

D 书房｜整合飘窗和榻榻米，在墙体两侧打满柜子，丰富储物空间。

E 主卧｜拆除主卧、次卧的衣柜与隔墙，并进行重置，打造步入式衣帽间，收纳量翻倍。

F 次卧｜抬高飘窗，定制书桌，将左侧做成开放式书柜,将右侧凹槽整合成收纳柜,定制箱体床身，衔接南侧飘窗。

将洗手台干区移至过道处，释放出更多卫浴空间

改造前平面图

改造后平面图

重新定制玄关柜，拓展更多使用功能

原玄关区域采用的是上下分体式鞋柜设计，设计师重新定制玄关柜，并将柜体延伸至进门墙壁，在储物空间不减少的情况下，还增加了换鞋坐凳区和衣帽悬挂区。进门内退的空间处理让玄关更显宽敞、透气，视觉层次感也更为丰富。

● **尺寸建议。**女鞋基本长度为 25 cm 左右，男鞋最大长度为 32 cm，因此鞋柜深度 35 cm，可正常平放鞋子（45 码以内）。

加高飘窗，整合墙体凹槽，打造集合式飘窗收纳系统

从玄关左转便是餐厅，设计师将原飘窗抬高，打造成抽屉式餐边柜，连同原墙体的凹槽设计为一体式壁龛，重新定制的餐边柜兼具展示和收纳功能，既优化了餐厨空间的动线，也能满足屋主日常收纳需求。墙壁上的灯具造型独特，灯罩采用布面纤维，开灯后会透出柔和的光线。

◎ **材质使用。**餐厅和厨房之间使用整面长虹玻璃移门，门窗的细长比例带来优雅利落的视觉感受。

隐藏式收纳不占据客厅视觉面积

客厅电视墙做了整墙隐藏式柜体，与转角家政柜共同围合成家庭核心区，柜体统一采用白色和原木色搭配，简约清爽；柜体进深26 cm（比普通的书柜还要窄一些），能轻松收纳下各类书籍和不规则玩具，比传统电视柜占地面积少一半，但收纳力翻倍。

● **尺寸建议。**电视柜深度 26 cm，能放得下 A4 开本杂志（21 cm 宽）和常规书籍；顶部和底部特别留空，弱化大容量柜体的视觉压迫感。

将飘窗和榻榻米进行整合，扩大收纳空间

客厅对面是多功能书房，设计师拆除非承重墙，改为长虹玻璃折叠门，客厅和书房既相互借光又彼此独立。设计师将北侧的飘窗并入榻榻米，并在下方做了 2 行 3 列的抽屉收纳柜，再多杂物也不愁无处安放。榻榻米一侧定制收纳柜、桌板和洞洞板，另一侧是整墙隐藏式收纳柜，8.9 m² 的书房做出了 5.5 m² 的收纳空间。

◎ **材质使用。**书房的黑框玻璃折叠门完全收起来宽度不超过30 cm，无碍于整个空间。

定制箱体床，连接南北飘窗，次卧做了近一半的收纳空间

次卧暂时没有人居住，未来可能用作儿童房。设计师将收纳空间最大化，把北侧飘窗加高，打造为异型书桌，两侧凹槽改为收纳柜，同时定制箱体床，靠内侧的床板可以掀开盖子，放一些不常用的被褥，靠外侧的则采用抽屉收纳，方便日常使用。东南侧飘窗与床体整体衔接，并保持同一高度，此处的抽屉柜特别做了阶梯式处理，旨在方便将来小朋友学习爬行和走路。此外，这里也可以成为屋主晒太阳、读书、喝茶的好地方。

改造完成后，全屋收纳面积约为 20.2 m²，约占套内总面积（82.3 m²）的 25%，远远大于日本精细化住宅收纳标准的 12%，可以说设计师将收纳空间做到了极致。

● **柜体设计**。榻榻米采用上掀式收纳和抽屉式收纳。上掀式收纳容量大，但使用不便，里面适合存放不常用的物品；抽屉式收纳非常实用，应确保五金的品质。

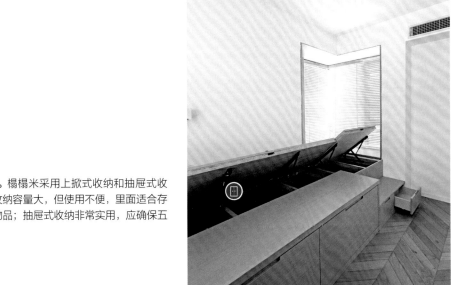

1

与客厅连接的阳台是家里的洗衣晾晒区，设计师在洗手池上下方打满收纳柜，1 m² 都不浪费。

2

主卧改造前后的 CAD 柜体变化图，可以直观地感受到衣柜的收纳空间增加了不少。

3

主卧设计了步入式衣帽间，柜门为内推的隐形门，既节省空间，也保持了整面墙的整体性。

案例
4

将柜体设计作为空间设计的重要环节，打造净白、简约的两人居所

空间设计和图片提供：日和设计

使用面积： 72 m²
家庭成员： 夫妻
房屋类型： 2室2厅2卫
主案设计： 日和设计团队
使用建材： 长虹玻璃、大理石、不锈钢板、仿石纹陶板

全屋定制设计要点

A 客厅｜与沙发背后的墙体取齐，定制整面线条利落的收纳柜。

B 厨房｜将能打开的空间统统打开，实现餐厨一体化，设置连接餐桌与电视背景墙的中岛，塑造整个公共空间的视觉焦点。

C 书房｜定制榻榻米卧榻，在三面墙体上做大容量收纳柜和储物搁板，满足屋主的多重需求。

D 主卧｜与原始梁柱取齐，定制兼具收纳与展示功能的床头柜，并在床尾定制通高衣柜。

E 衣帽间｜定制 L 形大容量衣柜，并在窗边规划圆弧形收边梳妆台。

F 卫生间｜设计三分式卫浴空间，特别定制双马桶和洗手台，将浴室独立于一侧，增加浴缸，使女主人能够享受惬意的沐浴时光。

书房的长虹玻璃门可完全推入墙体，引入客厅自然光

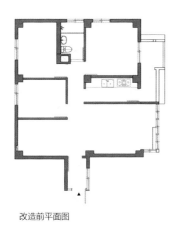

改造前平面图

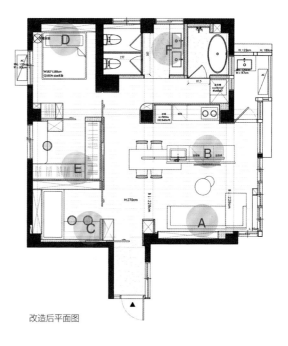

改造后平面图

111

矮墙结合厨房岛台，创造开阔又独立的休闲空间

为了增加公共空间的开阔性，设计师加入弹性隔断元素，在客厅和厨房之间利用半高墙体界定功能区，半高隔断同时结合厨房岛台进行设计，各自独立的同时又不失互动性。定制整墙收纳柜作为沙发背景墙，柜体利落的线条弱化了原始梁柱的存在感，成为极简、净白空间中的另一主角。沙发正后方为开放收纳格子，兼具收纳和展示功能，将一些艺术摆件置入其中，强化屋主个人风格。

◈ **材质使用**。半高隔断墙选用易维护、耐清洁的仿石纹陶板，陶板的天然纹理有如泼墨山水画，让墙面也有装饰空间的作用。

▣ **柜体设计**。柜体采用嵌入式设计，深度与梁柱取齐，下部分与沙发靠背取齐，巧妙利用零碎空间。

将餐桌嵌入中岛，双重功能展现空间气度

拆除厨房的非承重墙后，设计师打造出客厅、餐厅、厨房一体的开放空间，并通过中岛吧台结合餐桌的做法，制造视觉焦点。改造后的厨房呈二字形，厨具可统一规划在两侧的柱体内，争取宽裕的料理走道空间。中岛台面可作为备餐空间，下方储物空间用来存放厨房小电器。定制的木质餐桌嵌入中岛，错落叠放赋予空间更多设计感。

● **尺寸建议。** 如果吧台兼具洗涤和料理功能，中岛台面高度以 90 cm 为宜（站立使用时不用弯腰）；如果吧台结合餐桌设计，餐桌高度宜为 75 cm 左右。

满足各式收纳需求的多功能书房

屋主原本希望规划出一间客房，但考虑到客房的使用率并不高，于是决定改为兼具客房性质的书房。设计师在书桌旁定制榻榻米卧榻，卧榻四周定制大量储物柜和搁板，满足屋主平时小憩、工作、阅读等多种情景需求。为了改变书房无采光的劣势，设计师定制长虹玻璃推拉门，引入客厅自然光，拉门可以完全收入墙体内，充分保证书房的采光。

◎ **材质使用。** 卧榻特意选用榻榻米材质，比布垫更为透气，还有怡人的香气。

可移动卧室门让空间更灵活、通透

主卧位于全屋最私密的区域，设计师特别选用白色铁质滑门，释放更多空间，并与餐厅形成对视。为了与梁柱取齐，设计师定制米色吊柜作为床头背景墙，呈现清爽的立面效果；柜体中间可用来放置睡前读物，侧边预留的开放格子兼具床头柜的功能。床尾采用同样的设计手法定制到顶衣柜，柜体配置适当比例的开放格子，丰富视觉层次。

◉ **柜体设计**。特意在封闭式收纳墙面之中点缀些开放格子，双色系搭配带来不一样的视觉变化。

有如展示间效果的精致衣帽间

主卧和衣帽间隔着一道滑门，内部定制L形开敞衣柜，衣柜一侧配有滑轨穿衣镜，自由移动的镜面可随机变换出各种柜体造型；与吊杆平行，设置嵌入式灯带，营造有如展示间的轻盈之感。靠窗规划圆弧形收边梳妆台，并利用零碎空间打造开格收纳柜。

◉ **五金选用**。配以自由滑动的穿衣镜，可随机切换各种柜体效果。

1

柜体中部设有灯带,在净白的空间中,营造出柔和温馨的生活氛围;餐厨空间上方定制镀钛多段式 LED 吊灯,作为补充照明。

2

根据屋主的生活习惯,打造能够容纳两个马桶、洗手台的开敞卫浴空间,提升生活的精致感。

3

独立浴室位于居室最内侧,浴缸旁做收纳壁龛,妥善放置毛巾及盥洗用品,壁龛内置不锈钢层架。

案例
5

设计师在全屋定制超多收纳柜，
还为孩子打造了一间童趣乐园

空间设计和图片提供：玖雅设计

使用面积： 124 m²
家庭成员： 夫妻 +2 个孩子
房屋类型： 4 室 2 厅 2 卫
主案设计： 忆萱
使用建材： 六角瓷砖、玻璃折叠门、复合木地板、新西兰松木

全屋定制设计要点

A 门厅｜定制两面柜体，进门左手设有换鞋的座椅，正对面柜体完全落地，与室内衔接处做开放格子。

B 客厅｜定制整墙储物柜，柜体中间做造型设计，内嵌儿童卧榻，在公共空间打造童趣乐园。

C 厨房｜采用开放式中西厨设计，中厨位于阳台，一字形西厨和操作岛台具备丰富的收纳空间。

D 餐厅｜定制整排通顶储物柜，兼具餐边柜功能，柜体中间暗藏通往影音室的隐形门。

E 储物间｜在男孩房旁边划分出一间储物室，用通顶的柜子作为两个房间的隔墙。

F 女孩房｜全屋定制柜体和床，床下打造有小尺度的儿童衣柜和游戏区。

餐边柜中间暗藏通往影音室的隐形门

改造前平面图

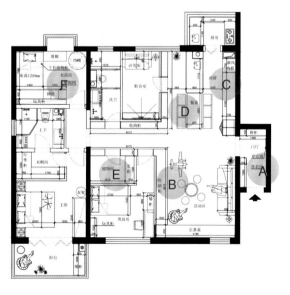

改造后平面图

定制整墙造型储物柜，为孩子打造童趣乐园

客厅是一个多功能空间，因全屋定制柜体较多，且屋主家有两个年幼的孩子，柜体统一选择实木板，确保环保性。柜子采用对称布局，兼顾开放收纳和封闭收纳两种形式，设计师在视觉中心做房屋造型，增加空间的趣味性。为了方便屋主辅导孩子写作业，设计师在临窗处定制 4.2 m 长学习桌，桌面设置一排抽屉。

● **尺寸建议。**定制柜长 3.8 m，进深 50 cm，50 cm 深的卧榻对儿童来说坐卧都适宜。

◎ **材质使用。**柜体材质为新西兰松木，柜门涂刷白色亚光漆；中间的小房子铺贴水曲柳饰面，涂刷透明漆，露出木材的自然纹理。

不可小觑的餐厨收纳空间

厨房为开放式中西厨设计，中厨位于阳台，利用一字形橱柜和操作岛台打造西厨区，中西厨以一扇玻璃门做区隔。一字形橱柜中嵌入烤箱、微波炉、冰箱等，岛台下方隐藏着强大的收纳空间，庞大的储存量可以满足屋主的各种需求。餐桌旁是白色通顶餐边柜，藏露有序，与整体环境和谐统一，屋主说："一个冬天的口粮都能放得下！"

● **五金选用。**为了方便开启收纳柜和抽屉，加装黄铜把手，好握的同时增加整体的美观度。

◎ **材质使用。**楼梯踏步旁设计师创意搭配了一个攀爬架，既做护栏，也是送给小女儿的一件玩具。

量身定制乐趣满满的儿童房

儿童床为上下结构，上面是床，下面是玩耍和收纳空间。楼梯踏步下方是一个个储物箱，可以存放衣物和被褥；楼梯侧面是进深为 28 cm 的储物柜，设计师同样采用了带有造型的开放格子。床体下方定制小尺度儿童衣柜，衣柜旁藏着神秘小窝，小小的儿童房兼具娱乐性和实用性。

1

通往儿童房和储物间的过道，定制嵌入式柜体（进深 35 cm），将储物空间化为无形。

2

进门左手边和正前方分别定制顶天立地储物柜，左侧预留换鞋凳，右侧配置白色洞洞板和穿衣镜，方便屋主随手挂置衣帽和整理仪容。

案例 6

玄关藏着"洗衣房",卧室超能装,"颜值"与功能性并存的理想家

空间设计和图片提供：里白空间设计

使用面积： 90 m²
家庭成员： 夫妻 +2 只猫
房屋类型： 2 室 2 厅 2 卫
主案设计： 里白
使用建材： 木饰面、艺术漆、爱格板、长虹玻璃

低饱和度的客厅，以木饰面包裹原始横梁，与白色书柜在色彩上
形成深浅对比

全屋定制设计要点

A 玄关│顺应入户墙体结构，定制顶天立地储物柜，消除进门柱体带来的视觉压迫感。

B 客厅│拆除客厅和原卧室之间的墙体，将狭小的 3 室改为开阔的 2 室，并定制整墙书柜，集中收纳与展示屋主心爱的书籍和藏品。

C 厨房│拆除原厨房和餐厅的墙体，扩大厨房面积，定制两排橱柜，将冰箱、烤箱、微波炉等电器全部嵌入柜体中。

D 主卧│缩小卫生间的面积，增加步入式衣帽间，满足屋主的衣物收纳需求。

E 公卫│干湿分离，在墙排马桶后方定制收纳柜，洗手台底部挑空，增加空间的轻盈感。

改造前平面图

改造后平面图

顺应墙体结构定制多功能玄关柜

原入户走廊呈长条形，且上方有三道横梁，容易让人产生局促感。设计师用水泥质感的艺术漆美化暴露在外面的横梁，消除其带来的视觉压迫感，同时顺应墙体结构定制通顶储物柜，满足屋主对充足收纳空间的强烈需求。柜体采用隐形设计，浅木色和白色、水泥灰搭配起来十分清爽，柜体中间的凹龛放置透明储物盒，收纳日常所用的零碎物品。

⊕ **柜体设计**。在柜体中间留出 30 cm 高的开放格子，赋予柜体层次感。

藏得下"洗衣房"的隐形玄关柜

玄关柜的另一侧是专门用来存放杂七杂八清洁用品的家政柜，柜体内置穿衣镜，也藏得下洗衣机和烘干机，巧妙解决机器运作时产生的噪声问题的同时，还不占多余的空间。整个玄关柜的收纳空间足足有 3.2 m²。

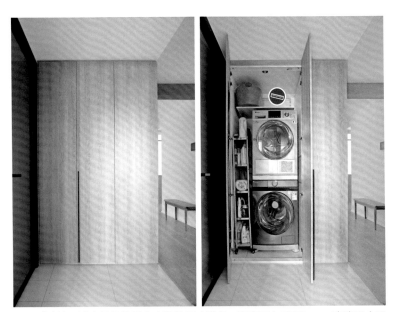

● **尺寸建议**。洗衣机叠放所占空间的尺寸要求：宽度不小于 70 cm，高度不小于 180 cm，插座距离地面高度约 130 cm。

整墙白色书柜营造文艺的空间氛围

改造后，客餐厅一体，3 m 长的白色布艺沙发隐性界定出客厅和用餐区，整面书墙是公共空间的点睛之笔，柜体采用"藏二露八"的设计理念，既可用来放书，也能展示屋主的藏品，带来丰富的视觉感受。下层封闭柜门使用白色亚光爱格板，底部开放格子统一用白色收纳盒进行收纳，避免杂物外露。木质凹槽处设有投影幕布，在家就能享受影院般的观影体验。

◈ **材质使用。** 被木饰面包裹的结构横梁和立柱起到平衡空间视觉感受的作用，又与白色柜体和水泥艺术漆形成色彩对比，让客厅看起来更有设计感。

● **尺寸建议。** 现代电器多以轻薄为主，深度无须过大，定制柜进深 30 cm，能满足大部分书籍、装饰品的收纳需求。

360° 无死角收纳的大厨房

夫妻两人经常在家做饭、会客，对厨房的设计要求较高，因此设计师拆除原餐厅和厨房之间的隔墙，将5 m² 厨房扩大至 10 m²。改造后的厨房呈二字形，设计师在两侧定制通高柜体，留足收纳区域，空间看上去更整洁。柜体材质选用爱格板，一面为仿木色花纹，另一面是白色亚光面板，白色、原木色以及地面、顶面的灰色，搭配出高级又现代的厨房。

两侧的高柜收纳功能强大，冰箱、洗碗机、微波炉等厨房电器统一采用嵌入式收纳，此外，抽屉和门片式空间根据屋主的生活习惯进行了精细化设计。靠近阳台的白色柜子里面包裹有管道，并做了方便收纳调味料的开放格子，节省台面空间，非常实用。

◎ **材质使用**。橱柜门板分别使用了白色亚光爱格板和仿木色花纹爱格板。

● **柜体设计**。靠近阳台的白色柜体里面包裹有管道；一旁的地柜未做满，用来放小推车，提升烹饪时的流畅度。

1

缩减主卫面积，省出的空间规划为
步入式衣帽间。衣帽间内部是宜家
艾格特衣架，并以蓝灰色布帘代替
柜门，赋予卧室轻松的氛围。

2

餐厅定制 2.6 m 长的实木餐桌，
满足吃饭、聚餐、工作等多重需求，
一旁的定制餐边柜用来收纳零碎
物品。

3

公卫干湿分离，墙排马桶后方定制
了方便拿取洗漱用品的开放格子，
细节处增加玻璃、铁艺等材质，丰
富空间层次。

案例
7

平面设计师的 $34\,m^2$ 一居室，除了卧床，全是定制柜

空间设计和图片提供：武汉邦辰设计

使用面积： $34\,m^2$
家庭成员： 1人
房屋类型： 1室1厅1卫
主案设计： 邦辰设计团队
使用建材： 长虹玻璃、谷仓门、不锈钢层板、彩色乳胶漆

全屋定制设计要点

A 玄关 | 从入口开始定制集鞋柜、展示柜、衣柜于一体的综合储物柜，柜体延伸至卧室床头，承担着全屋的储物重任。

B 厨房 | 拆掉厨房和卫生间之间的墙体，打造半开放式厨房，并借助长虹玻璃和谷仓门界定两个空间，破解小户型单面采光的难题。

C 卫生间 | 两面长虹玻璃提亮过道空间，定制容量超大的洗手台。

D 客厅 | 将阳台纳入客厅，靠墙定制 2 m 长书桌，并在顶面嵌入投影幕布和 4 盏轨道灯。

E 卧室 | 整体抬高睡眠区地台，巧妙界定公私区域，床头背景墙采用拼色处理，衣柜进深调整为 50 cm。

洗手台后面是长虹玻璃，设计师特别安装了时下流行的吊镜

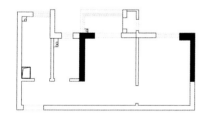

改造前平面图

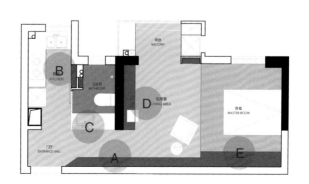

改造后平面图

拆除多余的墙体，打造通透明亮的玄关

原户型为单面采光，入户走廊狭窄、阴暗，设计师除了在顶面内嵌"象鼻"射灯外，着力通过格局改造，赋予小户型开阔感。拆除厨房和卫生间之间的墙体，调整卫生间的开口方向，并使用透光不透视的长虹玻璃，巧妙引入自然光，让人进门就有好心情。

◎ **材质使用。**卫生间的入口选用了吊滑谷仓门，轨道嵌入吊顶凹槽中，打开门后刚好能遮挡住厨房的壁龛，不占空间，一物两用。

鞋柜、展示柜、衣柜三合一，小户型也能拥有超大储物空间

空间最惊艳的设计当属超过 7 m 长的大容量定制柜，柜子从入口贯穿至床头，将储物空间做到最大化。柜体内部做了精细的划分，屋主从老房搬来的所有衣物、包包都有了藏身之处（还有富余空间）。白色柜门统一采用无把手设计，弱化柜体视觉上的压迫感，客厅处专门做了方形墨绿色开放格子，既强化柜体的设计感，又为洁净的空间增加色彩点缀。

◎ **材质使用。**为营造干净清爽的视觉感受，开放格子中间特别使用 3 mm 厚的不锈钢层板（不锈钢板是找工人现场焊接的）。

抬高睡眠区地台，隐性界定公私区域

抬高睡眠区地面，隐性划分公共区域（浅灰色地砖）和私密区域（原木色鱼骨拼地板），地面高低差也让空间更有层次感。省去床和床头柜，直接以床垫代替，4 门到顶衣柜收纳力极强。

● **尺寸建议。**整排定制柜设计了两个不同的深度，客厅和玄关储物柜进深 30 cm，而衣柜进深 50 cm。

1

对设计者而言，一张大长桌是必不可少的。设计师依墙定制了 2 m 长台面（进深 35 cm），台面侧面设有 5 个抽屉，顶面预留投影凹槽和轨道灯槽。

2

客厅未摆放沙发，一把舒适的单椅和一张边几足以。阳台一侧定制储物壁龛，充分利用边角空间，壁龛层板为不锈钢材质，与客厅展示柜相呼应。

案例 8

家居智能化、收纳极致化，不拘泥装修风格，这个 79 m² 的家充满个性和情怀

空间设计和图片提供：理居设计

使用面积：79 m²
家庭成员：1 人
房屋类型：2 室 2 厅 1 卫
主案设计：杨恒
使用建材：雾化玻璃、洞洞板、木饰面、石材

全屋定制设计要点

A 玄关 ｜定制半遮挡隔断，解决原户型无玄关问题，靠墙定制大容量玄关柜。

B 客厅 ｜将阳台纳入客厅，打造为音乐角，并结合厨房备餐台定制多功能造型电视墙。

C 厨房 ｜设计 U 形开放厨房，根据屋主需求定制双人吧台，吧台后方是酒吧展示区，丰富的吊柜、地柜能容纳十余种小家电。

D 餐厅 ｜定制黑色餐边柜，并结合洞洞板、储物搁板打造餐厅收纳系统。

E 多功能房 ｜定制隐形床和书桌，打造景观阳台——一侧是家政空间，另一侧为日式禅意小景。

F 主卧 ｜定制整墙顶天立地衣柜和嵌入式梳妆台，一人居的生活也要精致。

书房里的阳台家政区，洗衣烘干一体机上方定制储物柜和搁板，竹帘放下来，刚好能全部遮住，统一阳台风格

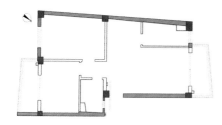

改造前平面图

改造后平面图

131

定制镂空玄关柜，适时遮挡入门视线

原户型无玄关，缺少私密性和收纳空间，设计师在入口定制整排鞋柜和悬空隔断，自然围合出玄关。喜欢音乐的屋主特别选择了音符造型的镂空设计，既能适时遮挡视线，增加空间的通透感，又不会显得沉闷。进门右手边是一面和门等高的洞洞板，上面的挂钩可自由调节，进出门的衣帽、钥匙、雨伞等物件都可悬挂其上。

⑩ 柜体设计。悬空隔断中间采用音符镂空造型，赋予空间通透性；为了确保稳固性，隔断下部特别增设一个铁盒子。

半高电视背景墙引导视线、界定空间

屋主希望客厅能支持 2 ~ 6 人小型聚会，摆放下他收藏的音响、吉他、乐谱架等，因此公共空间采用开放布局，视觉上宽敞、通透。靠阳台处辟出一隅作为音乐区，摆放既能收纳又可以作为凳子的落地书柜。客厅设计的重点是多功能电视背景墙，半高造型背景墙巧妙结合了备餐台、吧台，错落有致，让空间更有互动性。

⑪ 柜体设计。电视墙、备餐台和吧台为一体式设计，设计师特意错落呈现，在材质和体量的不规则搭配下，增加墙面层次。

收纳系统完备的开放式智能厨房

屋主对厨房的设计要求极高，要有调酒用的吧台、足够大的备菜区和充足的储物空间，因此设计师将厨房打造为多功能互动空间，在前期规划了强大的收纳系统，大到家电、小至调味瓶都被妥善安排在吊柜、地柜中。吧台正对面是酒吧展示区，酒杯呈一字形倒挂，方便随手拿取。此外，厨房也采用智能化设施，抽油烟机有感应功能，水龙头感应式出水，水槽自带超声波清洗功能。

◎ **材质使用。** 备餐台以人造石为主，既轻盈也易清洁保养，与橱柜色系保持一致；吧台采用加厚木板，单独向外挑出，方便落座。

洞洞板结合铁件搁板，丰富墙面和空间层次

屋主有许多旅行的纪念品，设计师结合其喜好，利用餐厅一侧的墙面空间集中打造了一个展示区。餐边柜里分类收纳零食和其他杂物，台面上摆放饮水机、咖啡机等小型电器，搁板上用来展示纪念品，洞洞板上可以挂钟表和杯具，开放式陈列让墙面层次更丰富，也让家成为以"我"为主题的展览馆。

● **五金选用。**隐形床要想实现美观、耐用，高质量的五金配备是关键。

既是墙也是床，书房变身多功能房

屋主经常有朋友留宿在家中，客房的设计必不可少，设计师将书房定位为集书房、客房、茶室、家政间于一体的多功能房。下翻床隐藏在柜体中，设计师还增加了床前灯、置物架等，顶部的柜体可收纳被褥。床收上去就是完整的书房，视觉上不显得突兀，空间可弹性应对各种需求。4 ㎡阳台一侧为家政空间，放置了洗烘一体机，另一侧是日式禅意小景，放上蒲团，茶室氛围油然而生。

与收纳柜一体成型的书柜

屋主有许多种类的图书，但不想把所有书集中放在一个书架上，希望在家中各个角落都能看到适合的书籍，因此设计师采用分散式收纳设计，确保各个功能区都有相匹配的储物空间。烹饪类的书放在餐边柜，休闲杂志放在客厅，睡前读物放在卧室，而设计类专业书籍则放在多功能房内嵌的柜子里。

● **柜体设计。**书桌采用挑空设计，与阳台衔接处加装日式帘子，创造储物空间。

1

主卧的整排衣柜隐身于墙体中，简化立面线条；设计师在床尾定制嵌入式梳妆台，镜面两侧特别安装长条形壁灯。

2

书房的阳台是设计师和屋主一起设计的，左侧是家政空间，右侧是日式枯山水小景，小小的房间里"诗和远方"都有了。

3

卫生间干湿分离，洗漱区和马桶区之间使用雾化玻璃做隔断，洗澡前关上门或打开开关，就能自动雾化。

案例
9

将隐藏式收纳设计融入高品质的
单身公寓之中

空间设计和图片提供：目申设计

使用面积： 49 m²
家庭成员： 1 人
房屋类型： 1 室 1 厅 1 卫
主案设计： 刘平
使用建材： KD 饰面板、马赛克瓷砖、黑色玻璃、艺术漆

全屋定制设计要点

A 玄关 | 微调入户门位置，定制整面玄关柜，并延伸至客厅，满足屋主对超多物品的收纳需求。

B 厨房 | 将封闭的厨房打开，打造餐厨一体化空间，并用吧台代替餐桌。

C 客厅 | 定制整墙收纳柜，柜体部分设计为开放式，既可展示藏品，又能丰富柜体的立面造型，沙发背后定制隐形储物柜。

D 卧室 | 定制台阶式榻榻米和整墙衣柜，榻榻米一直延伸至飘窗，台阶侧面增加抽屉收纳柜。

E 书房 | 在靠窗位置定制一体式写字台和书柜，书桌与卧室床头柜相连，强化睡眠区和工作区的联动性。

厨房呈 U 形布局，为了提升空间利用率，特别选用了超省空间的集成灶

改造前平面图

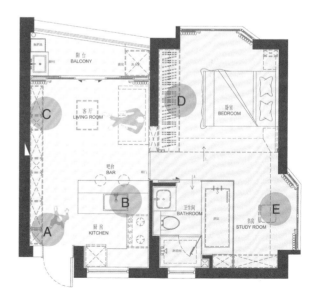

改造后平面图

植入一体式组合柜，让小空间显得开阔、通透

调整入户门位置，增加一整面组合柜，满足屋主对海量物品的收纳需求。柜体从入口延伸至客厅，设计师根据不同的空间场景设计了相应的储物形式，门口辟出座椅区域，背后是挂置随身物品的原木洞洞板，座椅底部留空，嵌入线形灯带，方便屋主晚上进出门换鞋。

● 尺寸建议。换鞋凳的舒适高度是 40 ~ 50 cm，43 cm 是推荐高度，老少皆宜。

把厨房搬进客厅，打造 LDK 一体化空间

设计师对空间进行重组后，将空间分为公共区域和私密区域。公共区域满足会客、就餐需求，玄关、餐厨空间和客厅被整合在一起，形成开阔的 LDK 空间。屋主不常下厨，设计师弱化餐桌功用，以吧台代替，既可用来办公，又能作为日常用餐空间。收纳设计考虑方便就近拿取，吧台一侧特别定制开放格子，提高使用的便利性。

● 施工细节。吊柜下方安装手扫感应灯，作为局部照明，用来提升台面亮度，注意应在水电改造前定下线路规划。

定制一体式电视柜，提前规划收纳分区

客厅的设计相对简单，因屋主没有看电视的习惯，设计师省去电视柜、电视机，为公共区域腾出充足的空间来做收纳设计。客厅电视柜在保持白色为主色、原木色为辅色的同时，提前规划了日常使用的分区，如内置用于摆放装饰品的开放格子，将空调隐藏在柜体之中。沙发后方也定制了一列隐形柜体，柜子与通往卧室的隐形门相配合，保证立面造型的风格统一。

◎ **材质使用。**沙发背景墙后方定制迷你储物柜，与卧室的隐形门采用一体设计，保证空间的完整性。

◉ **柜体设计。**空调隐藏在柜体之中，以百叶形式规划，既能散热，又方便遥控。

台阶式榻榻米＋整墙衣柜，收纳功能强大

卧室、书房、卫生间位于私密区域。卧室采用台阶式榻榻米，地台延伸至飘窗，空间的线条更为流畅，台阶侧边增加抽屉收纳柜。此外，设计师还在床对面定制整墙白色通顶衣柜，衣柜内部按使用频率和衣物种类进行规划，即使没有独立衣帽间，也不用担心衣物收纳问题。床头右侧定制原木收纳格子，方便随手收纳。

◎ **材质使用。**衣柜门板为白色亚光烤漆门板，无把手设计，利落极简，提升卧室的精致度。

方便办公、学习又可储物，角色多元的书房

最佳的采光区域留给书房，书房柜体采用全屋定制，色系延续白色和原木色，特别加入黑色，与卫生间的玻璃材质相呼应。书桌台面从榻榻米床延伸而来，巧妙强化两个空间的联动性。书房内侧嵌入黑框玻璃书柜，除了收纳书籍，也为空调提供了藏身之地。

◎ **材质使用。**书柜柜门改用通透的黑框玻璃，在色彩和材质上与卫生间相呼应，强化空间的延伸感。

1

从卧室看书房和卫生间，卫生间像一个黑色的"盒子"，充满神秘感。

2

床头右侧定制开放格子，搭配水泥艺术漆背景墙和灯光，制造出深邃的景深效果。

3

洗手台和梳妆镜体量轻巧，并在墙上补充安设一些小收纳架，避免占用过多的活动空间。

案例
10

35 m² 小户型巧设布局，满墙定制储物柜，将隐形收纳做到极限

空间设计和图片提供：习本设计

使用面积： 35 m²
家庭成员： 1 人
房屋类型： 1 室 1 厅 1 卫
主案设计： 习本设计
使用建材： 不锈钢、超白钢化玻璃、长虹玻璃、仿水泥瓷砖、轨道滑梯

全屋定制设计要点

A **玄关**｜定制通高玄关柜,柜门特别选用镜面材质,代替入户穿衣镜,在视觉上放大空间感。

B **餐厅**｜定制卡座和实木餐桌,将客厅和餐厅串联到一起,餐桌旁定制备餐岛台,解放厨房空间。

C **客厅**｜利用客厅挑高优势定制整墙巨型书架,满足屋主的藏书需求,并在阳台处设计地台,既起到楼梯踏步的作用,也可增加储物空间。

D **楼梯**｜利用楼梯下方空间定制隐形收纳柜,洗衣机、烘干机以及日常杂物都可被收入其中。

E **卧室**｜二层层高 2.4 m,包括卧室和卫生间(因入户门外有公共卫生间,所以将卫生间设置在二层,更显私密),在床尾定制整排衣柜,满足衣物收纳需求。

俯瞰客厅,地台不仅起到楼梯踏步的作用,还能代替沙发,可坐、可卧,随意切换不同模式

改造前平面图

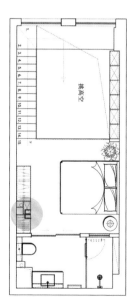

改造后平面图

突破传统思维，为屋主量身定制家庭图书馆

在前期沟通中，屋主重点提到她有很多藏书，并且日后书籍数量还会不断增加，希望设计师能为这些书定制一个"家"。设计师利用层高优势在客厅定制了一面巨型书架，满足屋主的藏书需求，也让空间显得恢宏大气。书架采用开放式设计，并配备了白色的轨道滑梯，简洁干练的设计风格，让屋主能够静下心来阅读与工作。

● **尺寸建议**。书架长 3 m，高 5 m，深 35 cm；轨道滑梯也是定制款，长 3.2 m，方便屋主取阅书籍。

运用多种材质巧妙划分功能区

屋主平常以简餐为主，不需要太大的厨房，但对厨房的品质要求极高。整个厨房采用黑色柜体和铜色不锈钢相搭配，并通过白色岛台与餐厅串联，平时洗菜、切菜、备餐都在岛台区。餐厅卡座与客厅书柜贯通，让空间更有延展性，卡座旁定制黑色餐边柜，与橱柜色彩相呼应，对面是整面隐形收纳柜。

◎ **材质使用**。餐桌是定制的整板橡木，桌腿采用高透亚克力，远远望去餐桌呈悬浮状态。

藏露有度，打造充满呼吸感的空间

对于 35 m² 的家来说，尽量给人留够呼吸和活动的空间也很重要。除了惊艳的书柜设计，设计师还在楼梯下方打造了丰富的储物空间，柜体统一采用白色无把手门板，确保简洁的立面效果；楼梯下方的"藏"与书柜的"露"虚实呼应，相得益彰。屋主家 80% 的日常杂物都被收纳其中，包括洗衣机和烘干机等大物件，收纳力赶上一个小储物间了。

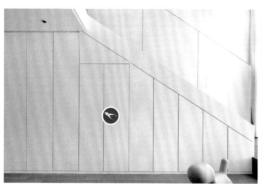

◐ **五金选用。**无把手柜门采用按压的方式自动开启、关闭，门背后需要增设反弹器，反弹器应尽量安装在便于手触碰的位置。

顺应原始结构横梁，将房屋缺点转变为设计亮点

二层是屋主的私密空间，包括卧室和卫生间。卧室设计尽量简化，为未来留出足够的装饰空间。床头有一道横梁，设计师将其巧妙改造为反光灯槽，既弱化梁柱带来的压迫感，又方便屋主起夜照明；床尾定制了 2.3 m 宽大衣柜，做足衣物收纳空间。卫生间通过长虹玻璃推拉门和室内窗借光。

◈ **材质使用。**隔断和楼梯护栏采用的是超白钢化玻璃，既化解了楼梯笨重的体量感，又增加了上下层空间的光影互动。

案例
11

切割客厅，两室变三室，尽量做足收纳空间，满足三代同堂家庭的所有需求

空间设计和图片提供：北京恒田建筑设计有限公司

使用面积： 56 m²
家庭成员： 夫妻 +2 个女孩 +2 位老人
房屋类型： 3 室 1 厅 1 卫
主案设计： 王恒
使用建材： 玻璃推拉门、榻榻米、小白砖

全屋定制设计要点

A 玄关｜借用部分卫生间空间定制隐藏玄关柜，解决入户收纳难题。

B 家政间｜借用部分主卧空间打造独立家政，解决洗衣及全家杂物收纳问题。

C 客厅｜从客厅划分出主卧，定制 L 形卡座沙发，并在卡座上方定做开放式书架，方便孩子们取书就近阅读。

D 餐厅｜在餐桌两侧定制收纳柜，充分利用走廊空间，柜体兼具餐边柜功能。

E 主卧｜抬高睡眠区地面，定制台阶式榻榻米，榻榻米延伸至阳台，并在床尾定制整墙嵌入式衣柜。

F 儿童房｜在高低床两侧打满柜体，靠窗定制通长书桌，确保两姐妹拥有最佳学习区。

沙发对面，将钢琴嵌入柜体中，上方打满吊柜，分毫必争

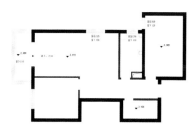

改造前平面图

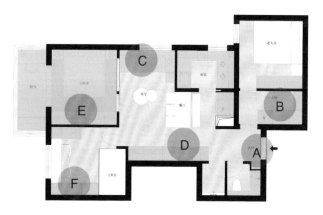

改造后平面图

从入户开始，做足收纳空间

借用部分卫生间空间，定制嵌入式迷你玄关柜，满足全家当季鞋子的收纳需求。开放格子则更便于随手放置物品，下方设计一个小抽屉，用来收纳钥匙、水电卡、身份证等随时可用的重要物品。柜体下方挑空，设置灯带，让空间更显轻盈。

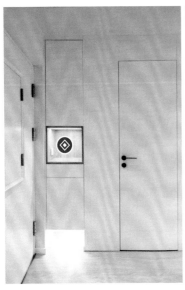 

◎ **材质使用。**开放格子特别使用原木贴皮，整个白色的柜体多了点变化，搭配光源设计，营造轻盈感。

新增家政空间，人再多，家也会井井有条

人均不足 10 m² 的居住面积，生活的舒适性和便利度是不容忽视的问题。设计师借用原主卧部分空间，增加功能强大的家政间，解决洗衣和一家六口的物品收纳难题。烘干机和洗衣机并列叠放，空间利用率更高；侧边鞋柜可作为玄关柜的补充，存放不常穿或者换季的鞋子，柜体中部做开放格子，将收纳设计发挥到极致。

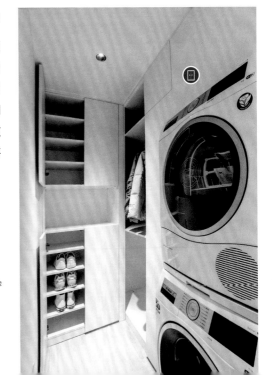

◉ **柜体设计。**家政间柜子统一为白色系，用来增加小空间的亮度。

切割客厅，两室变三室，精准定位客厅功能

设计师利用玻璃推拉门和窗帘在客厅隔出一间卧室，供夫妻俩居住，原主卧作为老人房。玻璃门保证了客厅的采光，窗帘则兼顾卧室的私密性。客厅收纳侧重于隐藏式，设计师定制 L 形卡座沙发，卡座下方设有收纳抽屉，用来存放孩子们的玩具和各类小物件，并利用沙发靠背上方空间定制了一个书架，方便家人随手取阅书籍。

● **尺寸建议。**定制沙发的好处是可以根据空间的大小确定尺寸规格，并将收纳功能一并考虑进去，沙发深度 80 ~ 90 cm 为宜。

充分利用过道空间打造就餐空间

餐厅在厨房外侧，有效缩短了日常家务动线。长方形餐桌填补了原本没有餐厅的空白，方便多人就餐，一侧的走廊定制高柜，开放格子可充当西厨水吧台，又兼具餐边柜功能，无论放微波炉等家用电器，还是放水杯、茶壶等都非常方便。餐桌对面，定制存储食材的柜体，并将冰箱嵌入其中，视觉上更显利落。

定制台阶式榻榻米，打满衣柜，卧室收纳满分

对于主卧而言，功能性和舒适度是设计师重点考虑的问题。设计师抬高榻榻米，并延伸至阳台，以此释放更大的地面空间。榻榻米外侧做收纳抽屉，内部做翻盖式收纳，床尾沿墙布置整面衣柜，柜内通过层板对长衣、短袖、被褥等进行统一归类，白色柜门合上之后，完全不占视觉空间。

● **柜体设计。**衣柜门板统一选用白色，无把手柜门关上后，呈现"空无一物"的视觉感。

● **柜体设计。**靠床头的柜子兼具床头柜功能，分别安装了两盏壁灯和若干插座，方便两人独立操控。

满足两个孩子日常学习和收纳需求的功能型儿童房

儿童房不仅要满足姐妹俩的睡眠需求，最好还能兼顾日常收纳和学习需求。设计师定制双层床，让两姐妹拥有独立的睡眠空间。沿墙定制两面储物柜，靠窗处布置了通长书桌，挑空设计可避免桌腿的磕碰，两人同时写作业也不显得拥挤，能够满足5年以上的居住需求。

1

儿童房的设计遵循对称美学，靠窗定制一组开放式书架，书架内设灯带，取放书籍更方便。

2

主卧阳台一角布置为独立办公区，侧面设计开放式书架，用来随手收纳书籍和办公用品。

3

墙排马桶上方做定制柜，减少卫生死角，增加收纳空间，通长台下盆的设计方便日常打理。

案例
12

60 m² "老破小" 的惊艳变身，
整屋收纳力堪比大房子，你也可以照着学

空间设计和图片提供：一宅一物建筑空间设计

使用面积： 60 m²
家庭成员： 1人
房屋类型： 2室1厅1卫
主案设计： 凌英麒、叶境宇
使用建材： 复古花砖、长虹玻璃隔断、爱格板、木饰面、蓝色防水漆

折叠餐桌能满足 2 ~ 4 人就餐，节省空间；长虹玻璃隔断有效解决沙发和卫生间的对视问题

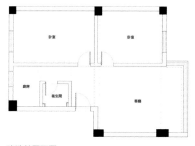

改造前平面图

改造后平面图

全屋定制设计要点

A 玄关 | 定制小型玄关柜和黑框长虹玻璃隔断，自然围合出入户玄关，并改善客厅与卫生间的对视格局。

B 客厅 | 利用客厅的凹槽位置定制整墙嵌入式电视柜，柜体承担了公共空间的主要储物任务，且不给空间造成压迫感。

C 阳台 | 在原始横梁处设计包口，巧妙形成框景，并在阳台一侧定制家政柜。

D 主卧 | 依墙定制嵌入式衣柜和书桌，在床尾墙体中嵌入开放式储物格，收纳、展示两不误。

E 厨房 | 平移、内推次卧的隔墙，为厨房腾出更多空间，白色吊柜和地柜能满足日常基本收纳需求。

虚实透视的朦胧美感

为了满足屋主对出入户的收纳需求，设计师特别定制迷你玄关柜，开放格子方便随手放钥匙、快递等，下面设置用来存放快递刀、卷尺、口罩等杂物的抽屉，底部可收纳三四双当季通勤鞋。柜体旁是透光不透视的黑色窄边框长虹玻璃，巧妙解决卫生间和沙发的对视问题，划分空间的同时也体现出一种朦胧美。

● **尺寸建议。** 玄关柜的长度为90 cm，深度为35 cm，底部挑空25 cm。

◎ **材质使用。** 黑框长虹玻璃隔断搭配白色柜体、复古花砖，很好地渲染出入户的仪式感。

嵌入式设计削弱柜体的存在感

在全屋收纳系统中，客厅电视柜是设计重点，柜体采用一体嵌入式设计，白色和原木色的组合温馨自然，虚实交错的变化让房间充满趣味。与阳台衔接处，设计师利用原始横梁做阳台包口，营造框景之感，并把洗衣机挪到阳台，相应定制一套家政柜，将收纳空间最大化。

◎ **材质使用。** 定制柜门板统一为进口爱格板，既美观又具有良好的环保性能。

依墙定制两面衣柜，兼具收纳和展示功能

屋主是个"收纳控"，卧室的收纳设计也力求做到极致。设计师定制白色嵌入式通高衣柜，四季的衣物不必担心没地方存放；黑色简约长把手与入户门的黑色拉手相呼应，保证了立面的时尚感。衣柜、书桌一体化设计，布局紧凑，吊柜下方暗藏灯带，可有效保护眼睛。床尾定制半开放式的储物格，用来展示屋主的收藏品。

1

卫生间干湿分离，洗手台外移，方便进门洗手，墙面铺贴半墙小白砖，上面涂刷蓝色防水漆。

2

厨房改造为 L 形，水槽靠近窗户，确保干燥通风，室内打满吊柜、地柜，冰箱、消毒柜、微波炉等各归其位。

案例
13

89 m² 老房改造，两室变三室，
处处敞亮，收纳满分，三代人住也没问题

空间设计和图片提供：吾索设计

使用面积：89 m²
家庭成员：夫妻 +1 个孩子 + 老人
房屋类型：3 室 1 厅 2 卫
主案设计：秦江飞、徐梦婷
使用建材：进口胶合板、长虹玻璃、水泥艺术漆、黑板漆、木饰面

量身定制的个性儿童房，床下是孩子的"秘密基地"

全屋定制设计要点

A 玄关 ｜ 定制顶天立地储物柜，利用柜体围合出玄关，起到视觉缓冲的作用。

B 客厅 ｜ 定制整墙电视柜和滑动柜门，定制柜与飘窗地台衔接自然，看似简单的设计，却在结构上起到关键作用。

C 厨房 ｜ 采用餐厨一体化设计，以可开敞、可封闭的隐藏式玻璃门为隔断，并利用厨房空间定制操作岛台。

D 主卧 ｜ 依墙体结构定制整墙嵌入式衣柜，满足屋主的衣物收纳需求。

E 儿童房 ｜ 采用下柜上床设计，并定制造型衣柜，靠窗定制通长学习桌，满足孩子未来 10 年的学习需求。

F 老人房 ｜ 床采用地台式设计，增加边柜，方便老人随手拿放物品。

改造前平面图

改造后平面图

定制悬空电视柜，飘窗地台巧妙衔接电视柜和沙发墙

客厅的布局讲究简约、干练，只保留必要的家具，现场定制悬空电视柜和滑动柜门，不看电视时，把柜门合起来，保证开敞部分的统一性。整墙电视柜储物功能强大，再多杂物都能塞得下，悬空的柜体设计可在视觉上释放更多空间。关于整面飘窗，设计师使用木饰面进行包裹，在下方增加踏步，兼做地台，并在地台下方暗藏灯带，与电视柜和沙发墙连成整体。

⬤ **五金选用**。配以自由滑动的门扇，可随机切换各种柜体效果。

⬤ **柜体设计**。电视柜底部挑空、上部未及顶，缓解大体量柜体的压迫感，使空间更为轻盈。

考虑到客厅面积不大，而家人较多，设计师舍弃三人位围合式沙发，选择无扶手款式。整屋以低饱和度的大地色系为主，温暖而治愈，沙发结合飘窗地台进行设计，让空间更加灵活、随性，也增强了家人的互动性。

借用长虹玻璃将主卧的光引入餐厅

餐厅设计的巧妙之处在于通过主卧的一道长虹玻璃门洞引入自然光,消除餐厅采光不足的劣势。卫生间邻近餐厅,设计师特别借用隐形门削弱其存在感,并利用旁边原始下水管道和墙体之间的空间,打造隐形储物柜,完善整屋的收纳功能。

可开放、可独立的餐厨空间

餐厨空间既可看作一个整体,又能各自独立,中间隔着黑框隐形玻璃推拉门,门可以完全藏入墙体,关上门后又能隔离油烟。设计师在厨房中增设岛台,岛台与餐桌相结合,能容纳更多人就餐;岛台朝向厨房一侧为开放储物格,用来补充厨房的收纳空间。

● **尺寸建议。**中岛台面常规高度为 90 cm,通常高于餐桌高度(75 cm 左右),中岛和餐桌中间留缝,方便玻璃门开合。

◎ **材质使用。**吧台台面材质为白色石英石,开放式层架与客厅电视柜为相同色系材质,整屋风格更统一。

全屋定制儿童床、衣柜、超长学习桌，儿童房富有童趣又实用

在相对有限的空间里，设计师希望把面积最大化地留给孩子作为活动空间，因此将床设置在上半部分，下半部分留给孩子阅读、玩耍。为了保证上部空间的流动性，设计师使用圆形和拱形门，为空间注入灵动感。床旁边定制一排衣柜，衣柜上的圆形、弧形元素与床的设计细节相呼应，既满足使用功能需求又富有童真童趣。

考虑到儿童的成长特性，设计师临窗打造了一张超长学习桌，可以满足孩子未来 10 年的学习需求。此外，进门处特别设置一面黑板墙，给小朋友创意发挥预留出足够的空间。

◉ **柜体设计。** 为了保证超长书桌结构的稳定性，设计师在墙面预埋了钢结构框架。

◉ **施工细节。** 进门打造了一面黑板墙，墙面上完底漆之后，黑板漆需要涂两层以上，才能保障最终色彩的饱和度。

1

利用定制柜划分出玄关，柜体中间镂空，底部挑空 20 cm，并暗藏灯带，营造温馨的归家体验。

2

主卧床尾是整墙定制衣柜，柜门统一不设把手，柜体内全部安装活动层板，让储物更加灵活。

3

老人房采用地台设计，增加边柜，补充收纳空间；地台与衣柜底部暗藏灯带，既增加空间层次，也可作为起夜灯使用。

案例
14

老北京一人居大改造，小户型也能
拥有无敌玄关和超能装电视柜

空间设计和图片提供：凡辰空间设计

使用面积： 58 m²
家庭成员： 1人 +1 只猫
房屋类型： 2室1厅1卫
主案设计： 陈晓辉
使用建材： 复古花砖、不锈钢 U 形收口条、石膏板、艺术漆

主卧定制双门嵌入式衣柜，白色的柜门与床品、房门相协调

全屋定制设计要点

A 玄关 ｜原户型无玄关，左侧为厨房墙体，设计师在入户右侧新砌一面轻墙体，定制到顶储物柜，集中收纳进出家门的生活用品。

B 客厅 ｜投影幕布取代电视机，定制整墙储物柜，柜体承担全屋大部分的收纳重任。

C 卫生间 ｜干湿分离，将洗手台、洗衣机、烘干机等挪到干区，充分利用立面空间定制大量储物柜。

D 书房 ｜书房为多功能房，可作为客房、衣帽间、工作室，定制集衣柜、书柜、工作台于一体的组合柜。

E 主卧 ｜定制嵌入式整体衣柜，衣柜与墙面融为一体，节约面积且极简美观。

改造前平面图

改造后平面图

从无到有打造超实用入户玄关

入户定制到顶玄关柜，整体运用白色和原木色，清爽自然。进门处和柜体底部是 36 cm 深的原木色开放收纳格，方便随手放置快递、钥匙等常用物品。封闭的双开门柜子里面可存放长外套、瑜伽服、健身用品等，单开门柜子里面用来收纳鞋子。

◉ **柜体设计。**最初的方案是整个柜体采用悬空设计，但屋主担心新砌的墙体承重力不够，最终选择了落地式柜体。

整面电视柜墙拥有惊人的收纳力

客厅未摆放电视机，仅安装投影幕布。设计师定制整墙收纳柜，藏露有度的柜体设计能保证整体的美观度。柜体进深40 cm，能收纳大部分物品（空调也能嵌入其中），柜体内统一用收纳盒进行归类，方便又实用。墨绿色开放收纳格可用来摆放书籍和装饰摆件，投影幕布拉上去之后，看起来清爽、不凌乱。

◈ **材质使用。**开放收纳格使用墨绿色木贴皮，与白色柜体交错形成丰富的视觉变化。

V 形墙、玄关定制柜围合出卫生间干区

走廊通往卧室和书房，新砌的隔墙将玄关的部分空间包入了卫生间干区。设计师特意在墙上做 V 字造型，镂空设计赋予空间层次感和通透性。V 形墙后面是洗手台，叠放洗衣机、烘干机，并在上方打满吊柜，面盆下方是清洁用品及卫生纸收纳区，分别做了封闭和开放两种收纳格，满足不同物品的收纳需求。

◎ **材质使用。** 墙面粉刷水泥艺术漆。

1

黑色木纹地柜搭配灰白色吊柜，素雅的配色让厨房看起来明亮干净。

2

书房双色搭配的柜体延续了客厅的设计风格，衣柜侧面巧妙做成书架开放格子。

案例
15

56 m² 一居室采用全墙面收纳，餐桌可伸缩，
小空间一点都不浪费

空间设计和图片提供：凹设计事务所

使用面积： 56 m²
家庭成员： 夫妻
房屋类型： 1室1厅1卫
主案设计： 凹设计事务所
使用建材： 长虹玻璃、木饰面、强化木地板

从餐厅看洁净的厨房，现代的设计手法简洁明了又实用

全屋定制设计要点

A 玄关 ｜ 依墙定制整面到顶玄关柜，柜体底部悬空，营造出轻盈感。

B 客厅 ｜ 定制 3.8 m 长收纳柜和小吧台，并结合地台设计，打造多功能起居空间，地台本身的高度自然划分出不同的功能区。

C 餐厅 ｜ 利用厨房和卧室墙体中间的空间，定制可伸缩折叠餐桌和侧墙餐边柜，打造更符合年轻人居住习惯的用餐区。

D 卧室 ｜ 挪动墙体，门开中间，在门后定制整排白色衣柜，满足女主人超多衣物的收纳需求。

E 走廊 ｜ 将洗手台、冰箱等设置在厨房和卫生间的过渡区，嵌入式冰箱不留卫生死角，上方空间还能收纳厨房用品。

改造前平面图

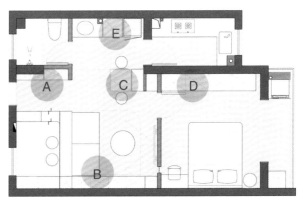

改造后平面图

悬空鞋柜倚墙而设，轻巧又不占据视觉空间

这个两人居的小户型面积不算宽裕，但基本的收纳空间不能省，设计师利用卫生间部分墙体，在入户区规划隐藏式玄关柜，柜体内部包含了鞋柜、杂物收纳柜等，储物空间不容小觑。大面积的白色门板与墙面融为一体，有效提升了小空间的色彩明度。

◎ **材质使用。** 柜体板材为实木颗粒板，门板统一为白色亚光烤漆面板。

地台结合收纳功能，创造开阔又独立的多功能空间

为了强化客厅的功能性，设计师在入户右侧定制地台，此处可作为家庭办公区、茶室和客房，地台下方预留储物空间。沙发背后的吧台和地台融为一体，吧台宽度和墙柜开放储物格长度相一致。白色和原木色材质贯穿整个空间，营造出明亮、自然的视觉感受。整排到顶储物柜采用陈列与柜门 2：8 的分配原则，打造舒适的视觉感。

● **尺寸建议。** 定制柜长 3.8 m，高 2.4 m，进深 60 cm。

● **柜体设计。** 木饰面内框未做成矩形，而是牺牲部分储物空间，在边框处做 45° 斜面，增强空间的纵深感。

可折叠餐桌，轻松满足多人聚餐需求

夫妻俩对餐厅的需求较低，设计师舍弃传统餐厅模式，定制折叠餐桌，餐桌可按需展开，满足 2 ~ 6 人用餐，不用时靠墙收起来，让小空间利用变得非常灵活。利用厨房外的过道空间，定制餐边柜和洗手台；此外，设计师利用主卧外侧的墙体定制开放收纳格，兼做餐边柜，空间一点都不浪费。

● **尺寸建议。** 6 个开放格子兼做餐边收纳、展示柜，柜体进深 40 ~ 60 cm 为宜。

1

主卧墙面中嵌入长虹玻璃，巧妙将自然光引入客厅，床尾定制整面到顶大衣柜，白色门板身姿轻盈，减少空间视觉压迫感。

2

作为居室基调的延伸，白色贯穿了整个空间，柜体上方小面积采用开放储藏格，带来变化和层次感。

39 m² 的家规划出八大功能区，
极致隐形收纳，未来能住 5 口人

空间设计和图片提供：理居设计

使用面积：39 m²
家庭成员：夫妻
主案设计：涂启华
使用建材：艺术漆、小白砖、六角瓷砖、黑色玻璃、隐形折叠门

从卫生间看对面的衣帽间，衣帽间外特别加装了白色攀爬梯（可收起）

全屋定制设计要点

A "箱体"空间 ┃ 增加 4 m² 小阁楼，阁楼下设计为衣帽间，利用墙面空间内嵌迷你鞋柜、洗衣机、烘干机和冰箱等。

B 卫生间 ┃ 采用分离设计，将淋浴间和马桶间并列，确保高峰时期的使用效率。

C 厨房 ┃ 拆除室内所有的非承重墙，打造客厅、餐厅、厨房一体式空间，结合承重立柱做 U 形厨房，并利用立柱作为支撑点，定制折叠餐桌。

D 卧室 ┃ 定制床头背景墙柜，在隐藏管道的基础上做柜体造型，分别规划吊柜、搁板和上翻床头柜三种收纳方式。

E 办公区 ┃ 打造集办公、梳妆、收纳于一体的多功能区，并结合猫咪的玩耍动线，定制攀爬架和猫咪跳台。

改造前平面图

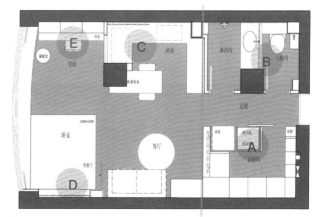

改造后平面图

入户定制"箱体"空间，满足未来 5 口人的居住需求

房子作为未来 5 年屋主孩子出生、上学前的过渡选择，屋主希望能实现独立衣帽间、干湿分区卫生间、猫咪活动空间等需求，老人偶尔过来时最好也有地方住。设计师在入户定制"箱体"空间——利用层高优势架起小阁楼，阁楼下是衣帽间，并沿过道内嵌鞋柜、洗衣机、冰箱，释放小空间压力，让整体布局更统一。

🔍 施工细节。阁楼主要由天花板和侧墙钢结构固定承重，由衣帽间柜体辅助承重。

📏 尺寸建议。阁楼宽 2.5 m，高 0.9 m，人坐直不会撞头；下面的衣帽间高 1.8 m，人在里面走动时不用低头。

拆除所有非承重墙，打造通透大开间

拆除多余的隔墙后，客厅、卧室、厨房完全暴露在开放的空间中。沙发靠墙摆放，不设茶几，留出更多活动空间。客厅对面设计师结合承重立柱设计 U 形厨房，庞大的立柱用清水泥防水艺术涂料进行修饰，墙面铺贴白色小方砖，搭配白色吊柜和黑色地柜丰富空间层次。立柱一侧设计了折叠简易餐桌，椅子选用吧台椅，不用时恰好能够收进桌下。

◎ 材质使用。立柱上涂刷清水泥防水艺术漆，弱化体量感。

● **尺寸建议。** 楼梯踏步侧边是抽屉收纳柜，踏步高 25 cm，长 50 cm。

巧借墙体结构，在床头定制储物柜

沙发旁是卧床，客厅、卧室无缝衔接，设计师在此着重规划收纳空间，在满足隐藏管道的基础上做床头背景墙造型，分别规划吊柜、搁板和上翻床头柜三种收纳方式，以满足所有收纳需求。床下不留缝隙，既防止猫咪钻入，又能利用箱体空间存放被褥等。

◉ **柜体设计**。柜体背后隐藏着管道，白色吊柜、黑色搁板以及原木饰面板的三色搭配清爽利落。

1

床对面是综合办公区，特别定制猫咪攀爬架，柜体设计充分考虑了猫咪的跑跳动线。

2

卫生间干湿分区，马桶间做整面黑色玻璃，让空间更显深邃。墙排马桶背后定制收纳柜，猫砂盆也采用嵌入式设计。

设计公司名录（排名不分前后）

本居设计

凡辰空间设计

涵瑜室内设计

里白空间设计

本墨设计

武汉邦辰设计

bcicool. 邦辰设计

玖雅设计

JORYA 玖雅

理居设计

Liju 理居設計

目申设计

吾索设计

习本设计

凹设计事务所

北京恒田建筑设计有限公司

日和设计

一宅一物建筑空间设计